일반화학실험

동국대학교 화학과 화학실험실 편저

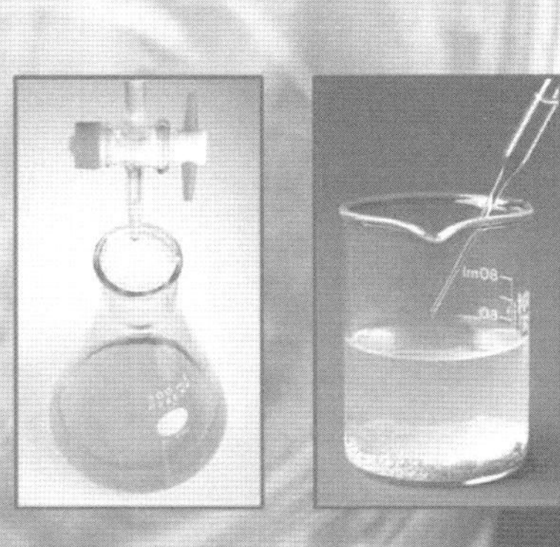

녹 문 당

차례

안전수칙

다음에 제시하는 실험실에서 지켜야 할 안전규칙과 지도선생님께서 특별히 제시하시는 안전규칙 및 응급처리 방법을 기억해 두고 실행에 옮기도록 만반의 준비를 하자. 이들 지시사항은 안전을 위하여 필수적이다.

01. 소화기, 비상 샤워 및 구급약이 놓인 곳의 위치를 확인한다.

02. 실험실에서는 항상 실험복을 착용하여야 하고, 정숙한 몸가짐으로 다른 학생에게 방해가 되지 않도록 행동하여야 한다. 실험실에서 시약이 담겨진 기구를 들고 움직일 때에는 매우 조심하여야 하고, 실험실에서 뛰어 다녀서는 안 된다. 신발은 발등을 덮는 잘 미끄러지지 않는 운동화를 또는 구두를 착용하는 것이 좋다.

03. 눈을 보호하기 위하여 반드시 보안경을 착용하도록 한다. 콘택트 렌즈는 가능하면 착용하지 않는 것이 좋으며, 눈에 시약이 들어갔을 경우에는 먼저 많은 양의 물로 씻은 다음 적절한 치료를 받도록 한다.

04. 대부분의 시약은 유독하므로 맛을 보아서는 안된다. 시약의 냄새를 맡고자 할 때에는 얼굴을 향하여 손으로 부채질을 하여 냄새를 맡도록 하고, 다량의 기체를 흡입하지 않도록 주의한다.

05. 실험실의 창문을 열고 후드를 작동시켜 실험실의 통풍이 잘 되도록 유의한다.

06. 시약은 반드시 시약병의 표지를 확인한 후 사용하도록 하고 기체가 발생하는 시약은 후드 밖으로 가지고 나오지 않아야 한다. 시약병은 반드시 두 손을 사용하여 병의 몸통 부분과 바닥을 받쳐들어야 한다. 한 손으로 병의 마개를 잡고 옮기지 않는다.

07. 가스 버너를 사용하는 경우에는 사전에 사용 방법을 충분히 알아 둔다. 유리기구를 가열할 경우에는 반드시 석면판을 사용하여 유리기구에 직접 가스 불꽃이 닿지 않도록 한다.

08. 액체를 가열할 때에는 끓임쪽(비등석 boiling chip)을 사용하여 액체가 튀어

오르지 않도록 하고, 시험관의 입구가 주위의 학생을 향하지 않도록 조심한다. 인화성이 있는 액체는 반드시 물 중탕을 사용하여 가열한다.

09. 뜨거운 유리기구는 반드시 집게를 사용하여 취급한다. 장갑을 준비하면 편리하다.

10. 공해 물질은 반드시 회수통을 이용하여 모두 회수하고, 싱크나 휴지통에 버려서는 안 된다. 특히, 진한 산, 염기 또는 유기용매를 싱크에 버리지 않도록 한다.

11. 유리관을 취급하는 경우에는 장갑을 착용하거나 수건을 사용하도록 한다. 유리관을 자른 후에는 반드시 가스 불꽃으로 끝을 둥글게 하여야 한다. 유리관은 물을 묻혀 고무마개에 끼우도록 하고 무리한 힘을 가하지 않도록 한다.

12. 진한 산을 묽힐 때에는 언제나 물을 천천히 저으면서 산을 가한다. 물을 산에 부으면 갑자기 뜨거워진 용액이 튀어 위험하다.

13. 독성이 있거나 냄새가 심한 기체가 발생할 때에는 항상 후드에서 실험하여야 한다. 후드를 사용할 때에는 후드 안에 머리를 넣지 않도록 한다.

● 폐수, 폐용매의 회수 요령

사용한 용매 또는 산, 염기는 반드시 지정된 회수통에 회수하여 정해진 곳에 버려야 한다.

01. 산은 버리도록 표시된 산 폐기통에 버린다.

02. 염기는 버리도록 표시된 염기 폐기통에 버린다.

03. 사용한 유기용매는 유기용매 회수통에 버린다.

실험실 사고 발생의 경우 응급처리

실험실내에서 화재, 폭발 또는 부상 등의 사고가 발생할 경우에는 당황하지 말고 침착하게 적절한 응급처리를 하고, 반드시 담당 조교에게 안전 확인을 받은 후 실험을 계속한다.

01. 화재가 발생하였을 때 : 버너, 전기 등의 열원을 모두 끄고, 인화성 물질을 먼 곳으로 옮기며, 화학화재용 소화기 또는 모래를 사용하여 소화 작업을 한다. 물에 잘 섞이지 않는 유기용매에 불이 붙었을 경우에는 절대로 물을 사용하여서는 안된다.

02. 의복에 불이 붙었을 때 : 당황하여 뛰지 말고, 담요나 실험복을 덮어 불을 끈다. 얼굴 부근에 붙은 불이 아닐 경우에는 화학화재용 소화기를 사용하여도 좋다. 또한, 물에 섞이지 않는 유기용매에 의해 붙은 불이 아닐 경우 물을 사용할 수도 있다.

03. 불에 의한 화상 : 찬물로 냉각시킨 후 적절한 치료를 받는다.

04. 시약에 의한 화상 : 즉시 다량의 깨끗한 물로 씻는다. 산에 의한 화상일 경우는 묽은 탄산수소나트륨 용액으로, 염기성 시약에 의한 화상일 경우에는 묽은 아세트산 용액으로 씻은 후, 적절한 치료를 받는다.

05. 눈에 시약이 튀어 들어갔을 때 : 다량의 깨끗한 물로 세척한 후, 반드시 의사의 검진을 받도록 한다.

06. 시약을 마셨을 때 : 즉시 손을 입에 넣어 토하도록 하고 의사의 응급 처치를 받도록 한다.

07. 유독한 기체를 흡입하였을 때 : 즉시 통풍이 잘 되는 곳으로 옮기고, 앉거나 누워서 깊게 호흡을 한다. 다량의 기체를 흡입하였을 경우에는 즉시 의사의 치료를받는다.

08. 베었을 때 : 3% 과산화수소(옥시풀)로 씻은 후 거름종이 또는 깨끗한 수건을 사용하여 지혈이 되도록 한다.

09. 폭발이 발생하였을 때 : 일단 실험실에서 모든 학생을 대피시키고, 화재가 발생하였을 경우 방독면을 착용하고 화학화재용 소화기를 사용하여 소화한다. 실험실의 통풍이 잘 되도록 조처하고 유독성 기체가 없음을 확인한 후 뒤처리를 한다.

☎ 응급 전화번호

동국대학교 보건소
소장실 : 2260-3466 (구내 3466)
사무실 : 2260-3467 (구내 3467)

삼성제일병원　2262-7001

만일 사고가 발생하였을 경우에는 즉시, 담당 조교에게 알려 담당 교수와 연락할 수 있도록 한다.

시약병에 표시된 시약의 독성기호

Explosive

Oxidizer

Flammable

Toxic

Harmful or Irritant

Corrosive

Environmentally Toxic

기호	약자	설명
Explosive	E	폭발의 가능성이 있음
Oxidizer	O	탈 수 있는 물질을 점화시킬 수 있음
Flammable	F^{+}	스스로 불이 붙을 수 있음
Toxic	T	신체에 매우 해로움
Harmful or Irritant	Xn	신체에 해로움
Corrosive	C	접촉 시 녹을 수 있음
Environmentally Toxic	N	환경에 해가 될 수 있음

시약 취급법

고체나 액체시약을 다루는 몇 가지 간단한 예를 아래 그림에 설명하였다.

한번 더 기억해 두자 !

01. 공동용 시약을 각자의 실험대로 가져가서는 안 된다.

02. 시약병에 있는 시약의 순도를 일정하게 유지하도록 주의해야 한다.

03. 필요 이상의 시약을 취하거나 한번 따라낸 과량의 시약을 절대로 시약병에 다시 넣어서는 안된다.

04. 시약병 마개를 실험대에 함부로 놓으면 실험대 위에 오물이 마개에 묻을 염려가 있으므로 마개를 실험대에 놓아서는 안 된다.

05. 피펫이나 메디신 드롭퍼는 시약병에서 시료용액을 취한 다음 시험관이나 용액의 표면에 닿지 않도록 한다음 한 방울씩 용액 위에 떨어뜨린다.

고체시약을 소량 취급하는 법

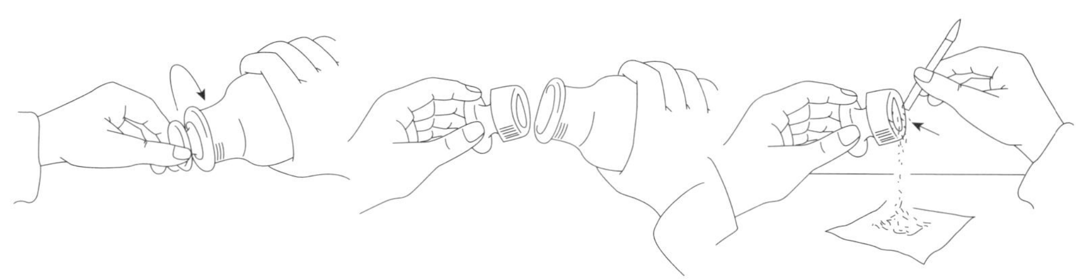

(a) 마개의 내부에 시약이 묻도록 병을 기울이면서 돌린다.

(b) 마개에 시약이 묻어 있도록 조심해서 마개를 연다.

(c) 약숟가락으로 마개를 가볍게 두드려서 필요한 양을 떨어뜨린다.

고체시약을 많이 취하는 법

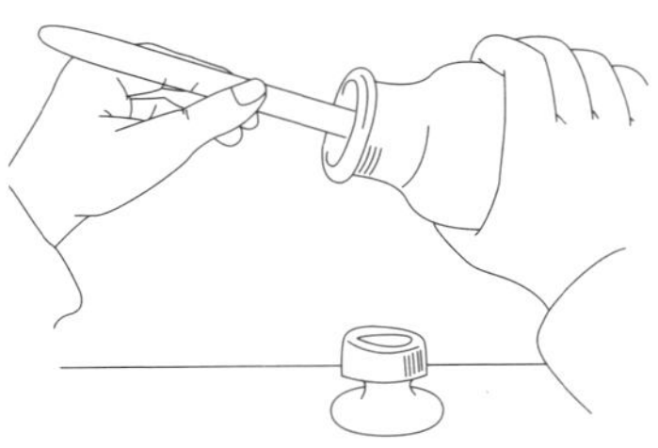

(a) 약숟가락을 이용하여 시약을 취한다.

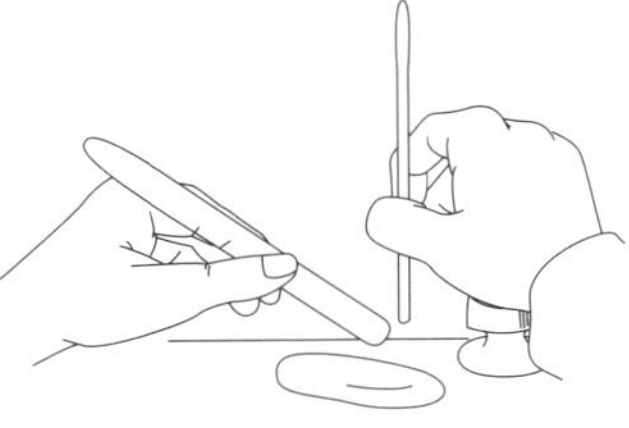

(b) 약숟가락을 유리막대로 가볍게 두드려서 필요한 양을 취한다.

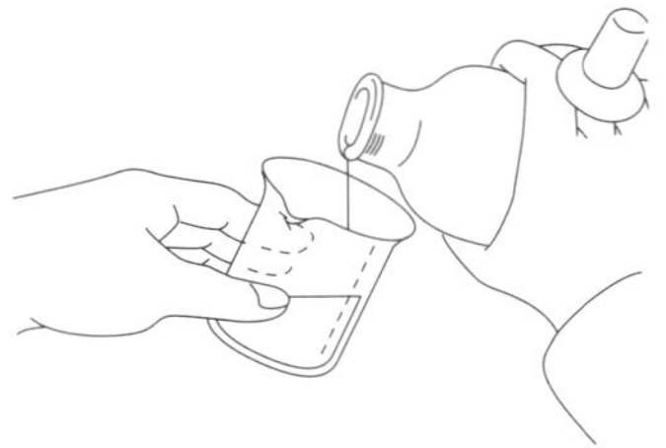

(c) 또는 병을 기울여 돌리면서 원하는 양을 취한다.

액체시약병의 마개를 열고 닫는 방법

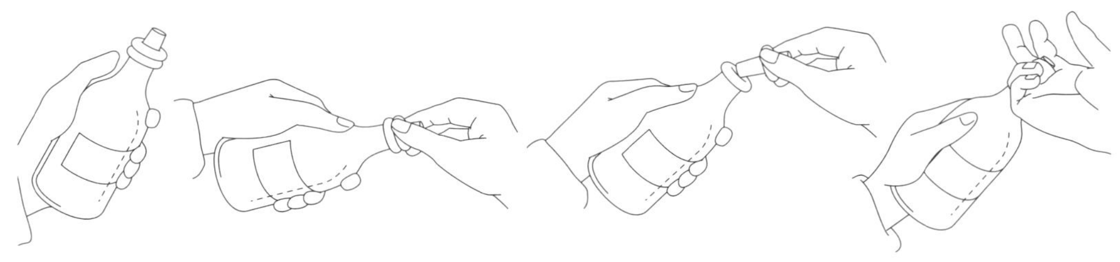

(a) 반드시 라벨을 두 번 이상 읽는다

(b) 액체가 마개에 묻도록 병을 기울인다..

(c) 마개를 열어 병의 입구에 가까이 가져간다 다음 마개에 묻은 액체를 떼어낸다.

(d) 액체를 취한 다음 마개를 닫는다. 이 조작은 마개를 열 경우에도 해당된다.

(주의 : 병마개의 모양에 따라 조작법이 달라진다. 마개가 그림과 같이 할 수 없는 모양이면 마개의 안쪽이나 끝이 위로 향하게 실험대 위에 놓는다.)

액체시약을 따르는 방법

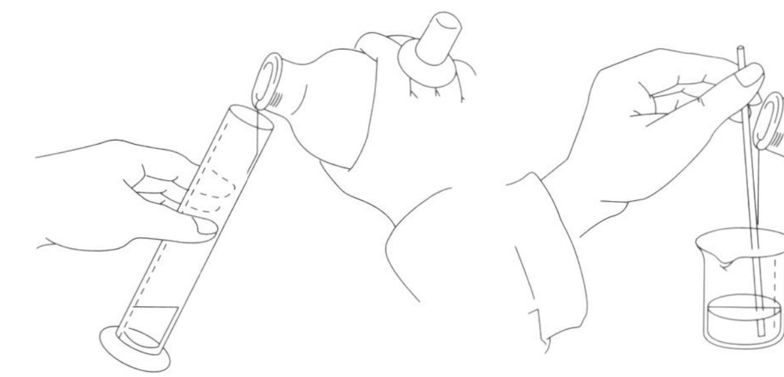

(a) 마개를 실험대 위에 놓아서는 안 된다.

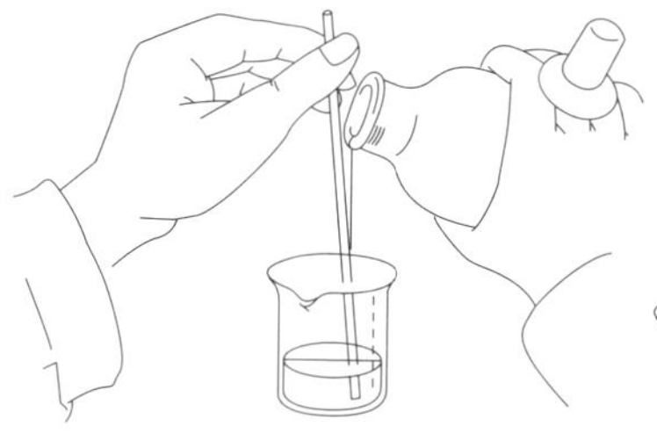

(b) 유리막대를 사용한다.

(c) 비이커의 내용물을 따를 때의 모습

깨끗한 유리그릇과 더러운 유리그릇

깨끗한 것

더러운 것

메디신드롭파의 사용법

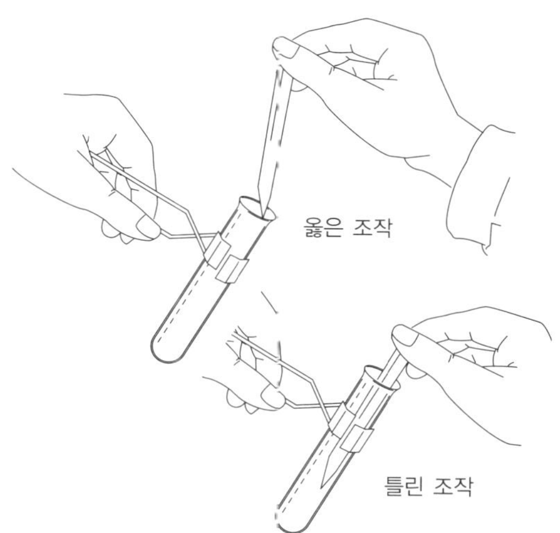

실험_01

유리세공법

목 적 PURPOSE

화학 실험에 쓰이는 간단한 장치들은 스스로 만들어서 사용한다. 이 실험에서는 유리관을 자르고 구부리고 가늘게 뽑는 일과 같이 간단한 기구를 만드는 법을 실습하게 된다.

원 리 PRINCIPLE

화학 실험에서 쓰이는 간단한 장치는 스스로 편리한 대로 만들어서 사용한다. 이런 경우에는 흔히 지름 6~8 mm인 유리관을 원하는 모양으로 자르고 구부려서 장치를 꾸민다. 이 실험에서는 유리관을 자르고 구부리고 가늘게 뽑는 일, 또 자른 부분을 불꽃으로 다듬어서 유리관을 고무마개에 끼우는 법 등을 실습하게 된다.

1 유리의 성질

유리란 고체처럼 보이는 물질을 말한다. 그러나 사실은 과냉각된 액체이다. 즉, 유리는 정상적인 어는점에서 고체상이 석출되지 않고 더욱 냉각된 액체이다. 점성이 매우 높기 때문에 유리는 고체에 해당하는 몇 가지 성질을 갖고 있다. 예를 들면, 딱딱하고 특정한 모양을 가지며 깨지는 성질을 가진다. 그러나 유리와 진짜 고체 사이에는 중요한 차이가 있다.

01. 유리의 균열은 여러 방향으로 나타나며 파편 모양도 여러 가지이다. 결정성 고

체는 이와 반대이다. 즉, 어떤 일정한 방향으로만 깨지며, 이에 따라 깨진 면은 곡면이 아니다(결정성 고체에 관해서는 나중의 실험에서 더 알게 될 것이다).

02. 진짜 고체를 가열하면 어떤 특정 온도에서 녹는다. 그러나 유리를 가열하면 점성이 낮아져 분명히 액체의 성질을 가진 물질이 되지만, 고체에서 액체로 되는 명확한 변화점이 없다.

둘째 항은 유리를 취급하는데 있어서 매우 중요하다. 그 이유는 유리가 플라스틱의 성질을 가지며 원하는 모양으로 성형하거나, 부풀리거나 또는 구부릴 수 있는 온도의 범위가 있기 때문이다. 현재 상용되는 유리에는 <표 1-1>에서와 같이 세 가지 부류가 있다.

유리를 급히 가열 또는 냉각시키면 팽창이나 수축을 쉽게 할 수 없을 때에는 산산이 깨진다. 그러나 용융실리카는 다른 물질보다 열적 충격에 매우 강하다.

이 실험에서는 소다 유리로 만든 유리관을 사용한다. 소다 유리를 쓰면 분젠 버너의 불꽃으로 간단한 조작을 실시할 수 있다. 그러나 보로실리카 유리를 연화할 만큼 뜨거운 불꽃을 얻으려면 기체-산소 혼합물을 연소하는 토치가 있어야 한다. 순수한 실리카유리를 사용할 때에는 산소-수소 혼합기체의 연소에서 얻는 매우 뜨거운 불꽃이 필요하다.

표 1-1 세 가지 흔한 유리의 특성

	소다유리	보로실리카유리	용융실리카유리
조성(주성분)	이산화규소, SiO_2 산화나트륨, Na_2O 산화칼슘, CaO	SiO_2, B_2O_3 (산화붕소)	SiO_2
연화점	낮다(600°C)	높다(800°C)	매우 높다 (1200°C)
가열 또는 냉각 시 실리카와 비교한 팽창	높다 (실리카의 14배)	낮다 (실리카의 5배)	매우 낮다
화학 물질에 대한 내구성	낮다	높다	매우 높다
용도	용기 창유리	가열용 그릇 실험용 유리기구	특수실험용 유리기구
상품명	–	Pyrex Kimax Hysil	Vycor
상대적 가격	낮다	중간	높다

기구 및 시약 TOOL & REAGENT

유리관(ϕ 6mm)
고무마개
가스버너
보오라(borer)
쇠그물 또는 석면판
세모줄(file)
핀셋

실험방법 PROCESS

1 분젠 버너

분젠 버너는 천연가스를 조절하여 연소하는 기구로써 실내에서 이동시켜서도 사용할 수 있다. 그림 1-1은 분젠 버너의 모양이다. 근본적으로 이 버너에서는 튜브 아래쪽에 분출구가 있다. 기체는 튜브의 반대쪽에서 탄다. 또한 튜브에는 구멍이 있는데, 이를 통해 공기가 들어와 기체와 혼합되어 기체와 공기의 혼합체가 타게 된다.

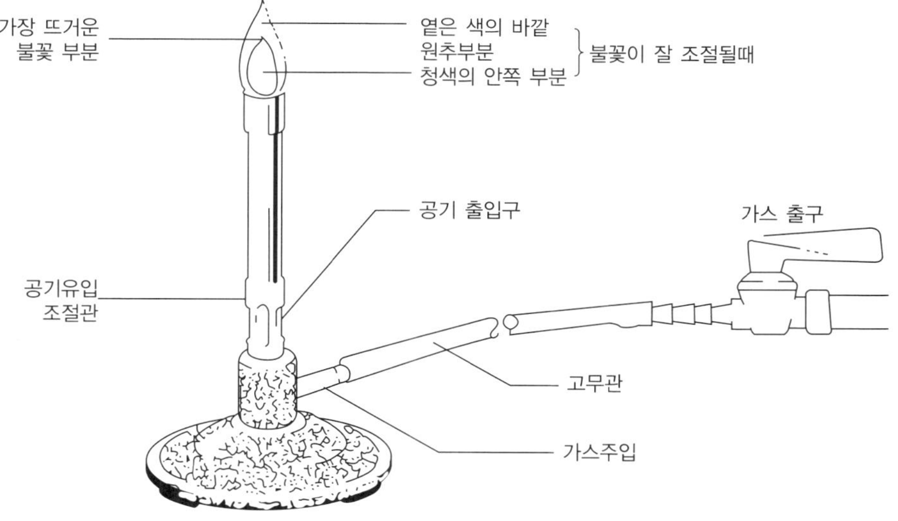

그림 1-1 분젠 버너

2 버너 켜기와 조절

01. 버너의 튜브와 고무관을 연결하고 고무관의 다른 쪽을 가스통의 작은 출구와 연결한다.

02. 버너의 공기구멍을 잠근다.

03. 가스통을 열고 성냥을 켠 다음 버너의 튜브 끝에 갖다 댄다. 위쪽에 가까이 하면 꺼지는 수가 많다.

04. 공기구멍을 천천히 열어라. 그러면 불꽃이 두 개의 동심원으로 구성될 것이다. 안쪽의 불꽃심은 푸른색을 띤다.

05. 기체의 연소로 소리가 심하게 나면 이는 조절을 더 필요로 한다는 것을 가리킨다. 불꽃이 조용히 타고 안쪽의 파란 불꽃 높이가 10~15 mm이면 적절하게 조절한 것이다.

06. 때때로 공기 출입관을 너무 열어 주면 튜브의 아래쪽에 있는 작은 구멍에서 불꽃이 생길 수 있다. 이때는 즉시 가스 꼭지를 잠궈야 한다. 다시 켜려면 차게 하여 튜브가 뜨겁지 않도록 한다. 그런 다음에 공기 출입관을 닫고 불을 켠다. 전처럼 공기 출입관을 너무 열지 말아야 한다.

3 유리관 자르기

유리관을 실험대 위에 놓고 자르려는 부위를 줄로 눌러라. 줄을 가지 쪽으로 끌어당기고 동시에 다른 손으로는 관을 반대로 회전시켜라. 줄로서 관의 수직방향으로 자른다는 것을 알아라. 이렇게 하면 관은 한 줄의 긁힘을 받게 되며 이 긁힘선은 관의 반 바퀴 정도가 될 것이다. 이때 나무를 톱질할 때처럼 줄을 앞뒤로 움직이지 말아야 한다. 이런 조작은 관을 자르는데 아무 효과가 없으며 오히려 줄을 망가트리게 될 것이다. 줄자리를 닦고 양손으로 관을 단단히 잡되, 두 엄지손가락을 줄자리로 바로 뒤쪽에 갖다 대어라(그림 1-2). 관을 어느 정도 세게 늘

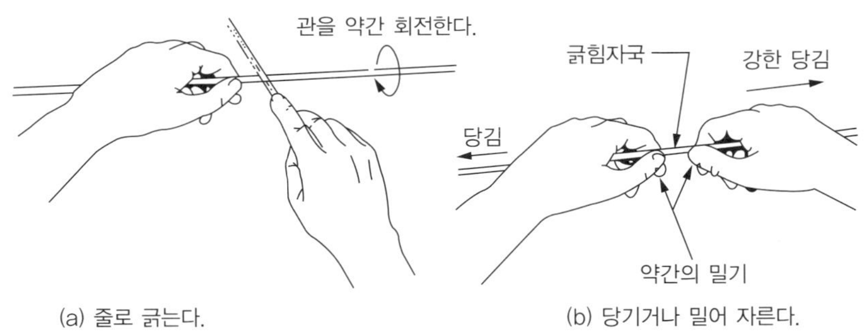

(a) 줄로 긁는다. (b) 당기거나 밀어 자른다.

그림 1-2 유리관 자르기

어뜨리면서 엄지손가락으로 힘을 가하여라. 그러면 관이 깨끗이 잘라질 것이다.

중요사항

☞ 관이 잘라지려면 장력 하에 놓여 있어야 한다. 이렇게 되면 깨끗이 잘라질 뿐 아니라 두 개의 잘린 부분이 잘 갈라져 위험이 줄어든다. 이러한 관 자르기는 직경이 작은(12 mm 이내) 관에 효과가 있다. 직경이 큰 경우에는 다른 방법을 택해야 하며, 숙련가에게 맡기는 것이 가장 좋다.

4 달굼 연마

금방 잘라진 관은 예리한 모서리를 지니므로 사용하기 전에 문질러야 한다. 이것은 연마로 쉽게 이룰 수 있다. 잘라진 끝 쪽을 분젠 버너의 가장 뜨거운 불꽃에 갖다 대어라(속불꽃 바로 위). 거친 부분이 완만하게 될 때까지 관을 계속적으로 회전시켜라. 이때 너무 가열하게 되면 관이 협소해 지므로 주의하여야 한다(그림 1-3).

주의사항

☞ 유리는 차가울 때나 뜨거울 때나 관계없이 색이 똑같다. 방심하여 뜨거운 유리를 집어 들면 큰 화상을 입게 된다.

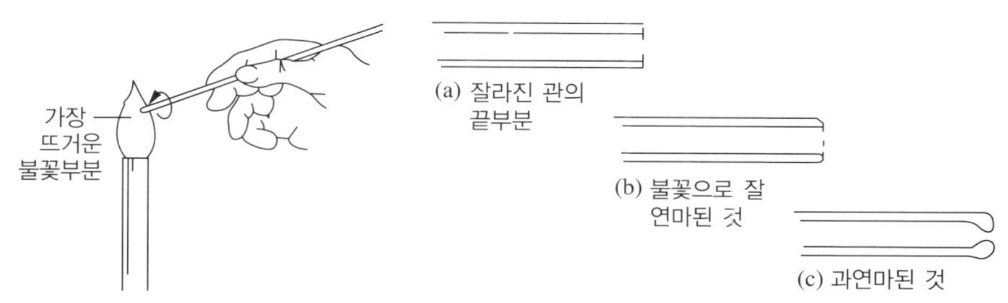

그림 1-3 달굼연마

5 구부리기

작은 직경의 유리관은 분젠 버너의 가장 큰 불꽃으로 관을 회전하면서 가열하여야 쉽게 구부릴 수 있다(넓게 퍼진 불꽃은 날개관을 버너 꼭지에 얹혀 얻을 수 있다). 유리가 연화되면 불꽃에서 떼고 잠시 들고 있는다. 다음에 바르게 굽히거나 원하는 각도로 될 때까지 무게 때문에 휘게 되도록 한다(그림 1-4). 굽힐 때 너무 힘을 가하면 구부러지거나 깨진다. 주의를 기울여라.

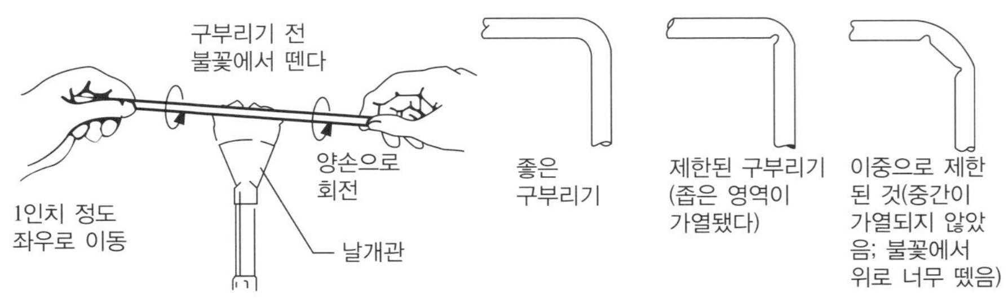

그림 1-4 유리관 구부리기

6 가늘게 뽑기

연결관 뷰렛은 뾰족한 끝 등을 만들기 위해 두꺼운 관을 뽑아 더 작은 직경의 관을 만들 때가 흔히 있다. 이를 위해서는 관이 불꽃으로 연하게 될 때까지 회전시킨다. 다음에는 불에서 떼어 원하는 길이가 될 때까지 두 끝을 천천히 당긴다(이때도 관을 회전시킨다). 너무 빨리 잡아당기면 늘어진 부분의 두께가 아주 얇게 된다. 사용 목적에 적합한 것은 뾰족한 끝의 직경이 약 2 mm 되는 것이다.

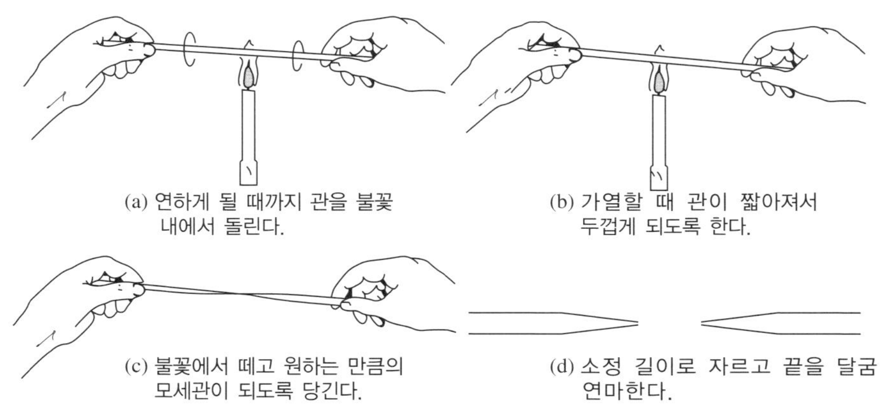

그림 1-5 작은 피펫을 만들기 위한 유리관 뽑기

본 실험 기간에는 학기당 필요한 대부분의 용도에 충당될 정도의 관들을 만들 수 있다. 종류나 수는 변하겠지만 대략 다음과 같은 것들이 있다.

01. 연결 고무관과 끝이 뾰족한 짧은 관이 부착된 뷰렛을 사용하고자 할 때는 1~2개의 뷰렛 끝 관이 필요하다. 이것은 2~3 mm의 한 쪽을 가늘게 뽑은 관이다.

02. 때로는 적은 양의 용액을 옮기는데 쓰이는 서너 개의 피펫(pasteur 피펫)이 필요하다. 이것은 한쪽을 가늘게 뽑은 10 cm 정도의 관이다. 직경이 큰 쪽을 볼로 연마하여라.

실험 01 유리세공법

실험일자 :

실 험 자 : 학번 학과 조 이름

1. 실험목적

2. 기구

3. 실험방법

4. 결과 및 고찰

제출:

1. ㄱ 자관
2. 피펫
3. 원하는 모양 만들기

실험_02

질량 측정과 액체 옮기기

목 적 PURPOSE

저울 사용법, 액체를 옮기는데 사용하는 기구의 사용법을 익히고, 실험 데이터의 처리 및 불확실도 측정 방법 등을 배운다.

원 리 PRINCIPLE

1 화학실험에서 가장 기본이 되는 물리적 양

01. 질량(mass): 주어진 물질의 고유한 양

02. 무게(weight): 물질에 작용하는 중력의 측정치

03. 부피(volume): 물질이 차지하는 공간의 단위

2 측정 기구

01. 질량 측정: 저울

- 진동이 없는 곳
- 수평 유지
- 임의로 이동 금지
- 시약이 저울에 떨어지지 않도록 주의
- 저울의 영점 확인

02. 부피 측정

- 눈금 실린더: 액체의 부피를 어림 측정하는데 사용되며 일정량의 액체를 취해 다른 용기에 옮기는데 사용
- 피펫과 눈금 피펫: 정확한 양의 액체를 취해 다른 용기에 옮기는데 사용
- 뷰렛: 적정할 때 사용
- 부피 플라스크: 용질을 녹여서 일정한 부피의 용액을 만드는데 사용

주의사항

☞ 가열 금지: 부피를 측정하는 유리 기구를 가열하면 유리가 팽창하여 변할 수 있으므로 정확한 측정이 불가능하다.

☞ 청결한 상태 유지: 유리 기구가 청결하지 않으면 유리벽에 묻은 액체가 균일하게 흘러내리지 않으므로 정확한 부피를 측정하기 어렵다.

☞ 눈의 높이가 액체의 매니스커스와 같도록 하고 눈금이 새겨진 부분을 수직이 되도록 세운 후에 눈금을 읽는다.

3 측정의 정밀도와 정확도

- 정밀도: 측정의 재현 정도
- 정확도: 평균값이 '참' 값에 가까운 정도
- 불확실도가 작다 → 정밀도가 높은 실험을 했다.

4 불확실도

01. 기구 자체의 불확실도 : 기기나 기구의 보정이 잘못된 경우

02. 실험의 한계 또는 기구 조작의 미숙에 의한 불확실도

예) 유리기구의 불확실도

실험 자체의 한계에서 발생하는 불확실도는 측정을 충분히 반복해서 평균값을 얻게 되면 상쇄된다.

뷰 렛			피 펫		부피 플라스크	
용량(mL)	눈금(mL)	불확실도(mL)	용량(mL)	눈금(mL)	용량(mL)	불확실도(mL)
5	0.01	±0.01	1	0.01	5	±0.02
10	0.02	±0.02	5	0.05	10	±0.02
25	0.1	±0.03	10	0.1	25	±0.03
50	0.2	±0.05	25	0.2	100	±0.08

N번 실험을 반복한 경우에 불확실도(표준편차) σ는 다음과 같다.

$$\sigma = \sqrt{\frac{\Sigma(\text{측정값} - \text{평균값})^2}{N-1}}$$

1~2 차례의 반복 실험의 경우 유효숫자를 이용해서 신뢰수준을 묵시적으로 나타낸다.

* 불확실도의 표현

2.13×10^{-3} g인 경우는 불확실도가 $\pm0.01\times10^{-3}$ g이 된다.

기구 및 시약 TOOL & REAGENT

피펫(10 mL)	뷰렛
전자저울	비이커(100 mL 또는 50 mL)
눈금 실린더(10 mL)	증류수

실험방법 PROCESS

1 무게 측정

01. 실험에 사용할 저울의 제조 회사, 모델, 측정 용량, 측정의 정밀도를 조사하고 결과를 적는다.

02. 저울의 사용법을 충분히 익힌다.

2 피펫을 이용한 액체의 이동

01. 고무 빨게(filler)와 피펫의 사용법을 충분히 익힌다.

02. 피펫을 깨끗이 세척한다.

03. 비이커의 무게를 측정한다.

04. 고무 빨게를 이용하여 피펫의 10 mL까지 증류수를 채운다.

05. 피펫의 증류수를 저울 위의 비이커에 옮기고 무게를 기록한다.

06. **04.**와 **05.**의 과정을 4회 더 반복한다.

07. 물의 밀도를 이용하여 피펫으로 옮긴 증류수 부피의 평균값과 표준편차를 구한다.

3 눈금실린더를 이용한 액체의 이동

01. 저울 위에 비이커를 놓고 무게를 측정한다.

02. 눈금실린더를 증류수를 이용하여 세척한다.

03. 10 mL의 증류수를 눈금실린더에 채운다음 저울 위의 비이커에 증류수를 옮긴다.

04. 4회 더 반복하여 옮긴 증류수 부피의 평균값과 표준편차를 구한다.

4 뷰렛을 이용한 액체의 이동

01. 뷰렛의 사용법을 익힌다.

02. 증류수로 세척한 후 증류수를 채운다.

03. 뷰렛의 끝에 공기방울이 남아 있으면 코크를 열어 공기를 뺀다.

04. 10 mL씩 위의 실험과 같은 방법으로 증류수를 빼내어 무게를 잰다.

05. 4회 더 반복하여 옮긴 증류수 부피의 평균값과 표준편차를 구한다.

실험 02 질량 측정과 액체 옮기기

실험일자 :

실 험 자 : 학번 학과 조 이름

1. 실험목적

2. 기구

3. 실험방법

4. 결과 및 고찰

실험 _ 03
화학양론

목 적 PURPOSE

화학반응에서 반응물과 생성물의 질량으로부터 화학반응식의 계수(몰비)를 구한다.

원 리 PRINCIPLE

화학반응은 질량-에너지 보존의 법칙에 따라 일어난다. 다시 말해서 화학반응에 관여하는 반응물에 있는 각 원소의 원자수는 생성물에 있는 같은 원소의 수와 같아야 한다.

화학자들은 많은 양의 원자와 분자, 즉, g, kg, 그리고 M(몰농도) 등의 단위로 원자와 분자를 다루고 있다. 여기서 몰의 개념은 다음과 같다.

1. 6.02×10^{23}개의 탄소원자(원자량 12.0)는 실제로 12 g의 탄소-12이다. 이것은 아보가드로 수라고 알려져 있다.
2. 아보가드로 수 = 6.02×10^{23}, 단위(원자, 이온, 분자, 화학식 단위) = 1몰
3. 어떤 원소의 6.02×10^{23}개 원자의 질량을 그램으로 나타낸 것을 그 원소의 g 원자량이라 한다. 따라서 나트륨의 g원자량은 6.02×10^{23} = 23.0 g 이다.
4. 화합물에 대하여 6.02×10^{23} 화학식 단위를 g으로 나타낸 질량을 화합물의 화학식량이라 한다. 따라서 화합물의 화학식량은 화학식에 나타난 모든 원소의 원자량을 합한 것을 g 단위로 나타낸 것과 같다. 예를 들어 NaCl의 화학식량은 58.5 g = 6.02×10^{23}개의 NaCl 단위이다.

반응물과 생성물의 질량으로부터 화학반응식의 계수를 계산할 수 있다. 따라서 이 실험에서는 구리와 질산은을 반응시켜 은과 질산구리(Ⅱ)를 얻은 다음 반응물과 생성물의 질량을 측정하고 이러한 질량 데이터로부터 화학반응식의 계수를 구한다.

$$Cu + 2AgNO_3 \longrightarrow Cu(NO_3)_2 + 2Ag$$

기구 및 시약 TOOL & REAGENT

기구	버너, 스탠드, 고리, 석면, 쇠그물, 눈금 실린더(25 mL), 건조오븐 또는 가열램프 유리막대, 확대경, 깔때기, 거름종이, 저울(감도 0.01g), 씻기병
시약	구리줄(5~10 cm), $AgNO_3$(1~2 g), NaCl(2~3 g), 6M HNO_3(10 mL), 01.M $AgNO_3$(aq)(3 mL), 6M NH_3(aq)(1 mL)

실험방법 PROCESS

1 첫 번째 실험과정

01. 먼저 기록할 데이터표를 준비한다. 깨끗한 비이커(250 mL)를 말려 준비한다. 비이커에 A라고 표시하고, 0.01 g까지 무게를 잰 다음 기록한다. 실험에서는 계속 같은 저울을 사용한다.

02. 5~10 cm구리줄의 무게를 0.01 g까지 재서 기록한 다음 그림 3-1과 같이 갈고리를 만들어 한쪽 끝을 비이커에 건다. 나머지 줄을 작은 시험관 주위에 감는다.

03. 0.3 g의 $AgNO_3$ 결정을 비이커 A에 담고 무게를 0.01 g 까지 잰다.

주의사항

☞ $AgNO_3$은 독성이 있으므로 피부와 눈에 접촉되지 않도록 해야 한다. $AgNO_3$은 피부나 옷 등에 닿으면 검게 된다. 검은 부분은 차차 없어지므로 물로 충분히 씻는다.

04. 비이커에 절반 정도 증류수를 붓고 $AgNO_3$ 결정이 모두 녹을 때까지 유리막대로 젓는다. 다음에 구리줄을 이 용액 속에 모두 넣고 몇 분 뒤 그 결과를 관찰한다.

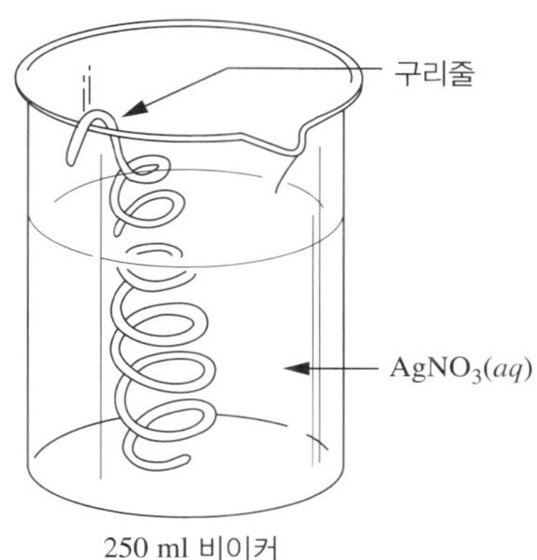

그림 3-1 $AgNO_3$ 용액 속의 구리줄

2 두 번째 실험과정

05. 구리줄을 들어올리고 비이커를 흔들면서 생성된 찌꺼기를 씻기병의 증류수로 헹궈 씻는다.

06. 씻은 구리줄을 아세톤이 들어 있는 비이커에 넣어 적신다. 구리줄에 묻은 아세톤을 종이로묻혀 낸 다음 건조시키고 그 무게를 0.01 g까지 잰다. 구리줄을 다시 시약병에 넣는다.

07. B라고 써 붙인 비이커를 준비하고 비이커 A의 용액을 비이커 B에 붓는다. 비이커 A의 결정에 3~5 mL의 $AgNO_3$ 용액을 가하고 남아 있는 구리 입자와 반응하도록 천천히 젓는다. 결정이 깨뜨려지지 않게 한다. 젓는 것을 멈추고 결정을 가라앉히고 액체를 가만히 따라 버린다. 결정은 10~15 mL 의 증류수로 두 번 또는 세 번 천천히 저으면서 씻는다. 6M $NH_3(aq)$ 한 방울로 씻은 후 용액에 가한다. 마지막으로 씻은 용액에서 푸른색이 없어지면 구리가 모두 제거된 것이다. 푸른색이 남아 있으면 증류수로 계속 가볍게 씻고 상등액을 따라낸 다음 결정을 보관한다.

08. 비이커 A를 건조 오븐에 넣는다(실험이 끝날 때까지).

3 세 번째 실험과정

09. 건조한 $AgNO_3$을 비이커 A에 넣고 비이커(이미 첫 번째 실험에서 비이커 A의 무게는 쟀다.)의 무게를 0.01 g까지 재고 기록한다. 10~15 mL의 증류수를 가하고 $AgNO_3$가 모두 녹을 때까지 젓는다.

10. 깨끗하게 씻은 비이커 B를 건조시킨 다음 무게를 재고 기록한다. 여기에 2 g의 NaCl을 가하고 비이커와 그 속의 내용물의 무게를 0.01 g까지 잰다. 다음에 이 비이커에 10~15 mL의 증류수를 붓고 고체가 녹을 때까지 천천히 젓는다

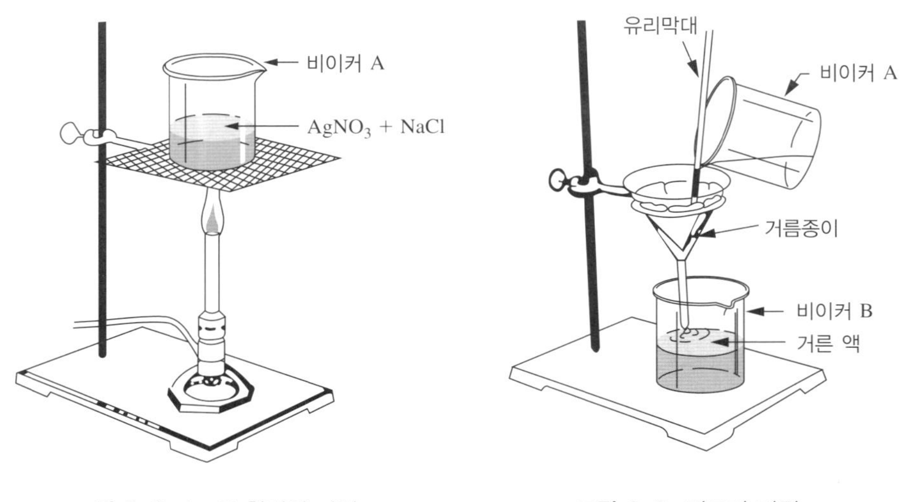

그림 3-2 AgCl 침전의 가열

그림 3-3 거르기 과정

11. AgCl의 흰색 침전이 생긴다. 비이커 A를 그림 3-2와 같이 장치한 석면 쇠그물 위에 놓고 액체가 맑아질 때까지 천천히 가열한다.
12. 한 장의 거름종이 무게를 0.01 g까지 재고 기록한다. 거름종이를 접어서 깔때기에 끼우고 깔때기를 그림 3-3과 같이 장치한 다음 비이커 A의 맑은 용액을 거르고 비이커 B에 거른 액을 받는다.
13. 씻기병으로 비이커 A를 씻고, 씻은 물을 거름종이에 천천히 붓는다. 비이커 A의 침전을 5~10 mL의 증류수로 다시 씻는다. 거름종이와 그 속의 물질을 비이커 A에 주의하여 넣는다. 거름종이와 그 속의 물질을 포함한 비이커 A와 거른 액을 포함한 비이커 B를 다음 실험 때까지 건조 오븐에서 건조시킨다.

연습문제

01. 다음 각각의 반응에서 원자수 사이에는 어떤 몰 비가 있는가?

$$Cu + AgNO_3 \longrightarrow Ag + Cu(NO_3)_2$$
$$AgNO_3 + NaCl \longrightarrow AgCl + NaNO_3$$

02. 이 실험으로 어떻게 질량-에너지 보존 법칙을 설명하겠는가? NaCl이

$AgNO_3$과 반응할 때 얻은 실험데이터로부터 반응물의 질량과 생성물의 질량을 비교하여라.

03. $AgNO_3$ 용액에서 구리가 은과 치환되는 비이커 A의 반응에서 이 용액의 색 변화는 무엇 때문인가?

04. 구리줄을 빼내고 은을 씻은 뒤 비이커 A로부터 용액을 따른 다음 남은 것은 무슨 입자인가?

조교 준비사항

01. 실험에 필요한 질산은 확인 및 구리선 확인할 것

02. 건조 시 hot plate의 주의사항 숙지시킬 것

실험 03 화학양론

실험일자 :

실 험 자 : 학번 학과 조 이름

1. 실험목적

2. 기구

3. 실험방법

4. 결과 및 고찰

01. 실험에서 얻은 데이터(표 3-1)와 다음과 같은 관계로부터 반응물의 생성물의 몰수를 계산하여라.

$$\text{원소의 몰 수} = \frac{\text{시료의 질량}}{\text{원자량}}$$

$$\text{화합물의 몰 수} = \frac{\text{시료의 질량}}{\text{화학식량}}$$

표 3-1

비이커 A의 무게:	________ g
비이커 A의 무게 + $AgNO_3$ 결정:	________ g
$AgNO_3$ 결정의 무게:	________ g
구리의 무게 (반응 전):	________ g
구리의 무게 (반응 후): g	________ g
반응한 구리의 무게:	________ g
반응한 구리의 몰 수:	________ mol
비이커 A의 무게 + 건조한 $AgNO_3$: g	________ g
건조한 $AgNO_3$의 무게: g	________ g

건조한 $AgNO_3$의 몰 수: g	________ mol
비이커 B의 무게: g	________ g
비이커 B의 무게 + NaCl:	________ g
NaCl의 무게:	________ g
NaCl의 몰 수:	________ mol
거름종이:	________ g
비이커 A, 거름종이 및 AgCl의 무게:	________ g
AgCl의 무게:	________ g
AgCl의 몰 수:	________ mol
비이커 B, $NaNO_3$(및 NaCl)의 무게:	________ g
$NaNO_3$의 무게(및 NaCl):	________ g

02. 이 실험에서 얻은 계수를 사용하여 이 반응의 화학반응식을 다음과 같이 구하라.

i) 이 반응들의 화학반응식을 적어라.

ii) 반응물과 생성물의 몰수를 계수로 환산하여라. 이때는 물질의 몰수를 최소당 량정수비로 나타낸다. 예를 들어 0.69, 2.8 및 1.4몰 일 때는 계수가 1, 4 및 2로 된다.

$$\frac{0.69}{0.69} \approx 1 \qquad \frac{2.8}{0.69} \approx 4 \qquad \frac{1.4}{0.69} \approx 2$$

따라서 몰 비는 1 : 4 : 2 이다.

iii) 계산으로 얻어진 계수는 화학반응식을 맞추는 데 사용하여라.

실험 _ 04

화학반응의 몰 개념

목 적 PURPOSE

화학반응을 통하여 질량-보존의 법칙과 몰 개념을 이해하고, 물질의 형태와 양에 의해 화학반응식을 결정할 수 있도록 한다.

원 리 PRINCIPLE

$NaHCO_3$를 HCl과 반응시켜 NaCl과 두 가지 기체 생성물을 얻는다. $NaHCO_3$와 NaCl 사이의 몰수를 측정하게 되며, 여기서 얻은 데이터를 사용하여 화학반응식의 질량-에너지 보존법칙을 알 수 있다. 이 실험에서는 과량의 HCl와 반응하는 $NaHCO_3$의 무게를 알고 $NaHCO_3$과 HCl 사이의 몰수를 계산하여 화학반응식을 구해 얻은 결과가 질량-에너지 보존의 법칙에 맞는지를 알 수 있다.

$$NaHCO_3(s) + HCl(aq) \longrightarrow NaCl(s) + CO_2(g) + H_2O$$

기구 및 시약 TOOL & REAGENT

기구	증발접시	가열장치(버너, 스탠드, 고리, 석면 쇠그물 등)	
	저울 / 핀셋	약숟가락	시계접시
	시험관(18 × 150 mm)	적하 피펫	비이커(25 mL)
시약	6M HCl(5 mL)	$NaHCO_3$(3 g)	증류수

실험방법 PROCESS

1. 실험한 것을 기록하는 데이터 표를 준비한다.
2. 증발접시를 말려 깨끗하게 준비한다. 접시를 말리기 위해 가열관이나 버너에서 2~3분 세게 가열한 다음 식힌다. 접시의 무게를 0.01 g까지 정확하게 잰다. 약숟가락으로 약 2.0 g의 $NaHCO_3$를 증발 접시에 담고 0.01 g까지 정확히 무게를 잰다.

주의사항

☞ 뜨거운 유리접시는 핀셋 또는 집게로 집는다. 정확히 3.00 g을 재지 않아도 된다. 예를 들어 2.88 g 또는 3.08 g의 무게를 취하여도 좋다.

3. 증발접시를 시계접시로 덮는다. 6M HCl 약 5 mL(30 mmole)를 깨끗한 시험관에 붓고 HCl를 $NaHCO_3$에 서서히 가한다. 그림 4-1과 같이 증발접시의 가장자리에 HCl를 떨어뜨린다.

주의사항

☞ HCl은 화상을 입히므로, 피부와 눈에 닿지 않도록 주의해야 한다.

4. 반응이 정지될 때까지 산을 계속해서 천천히 가한다.
5. HCl이 모든 $NaHCO_3$에 닿을 때까지 접시를 한쪽에서 다른 쪽으로 기울인다. 반응하지 않은 $NaHCO_3$가 남아 있으면 HCl를 몇 방울 더 떨어뜨려 반응이 완성되도록 한다. 시계접시를 핀셋으로 집어내고 시계접시의 밑바닥을 매우 적은 양의 증류수로 씻는다.

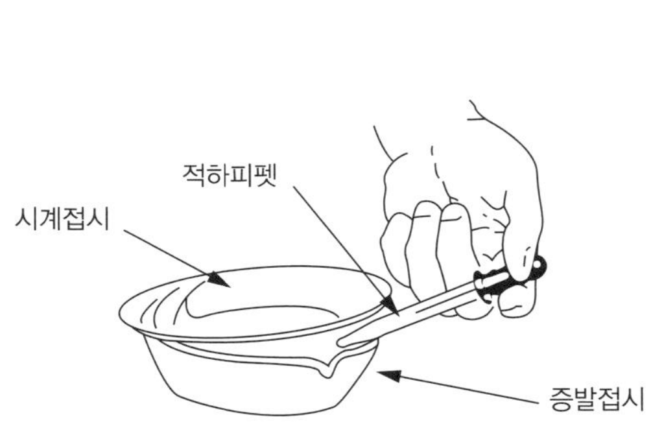

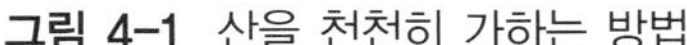
그림 4-1 산을 천천히 가하는 방법

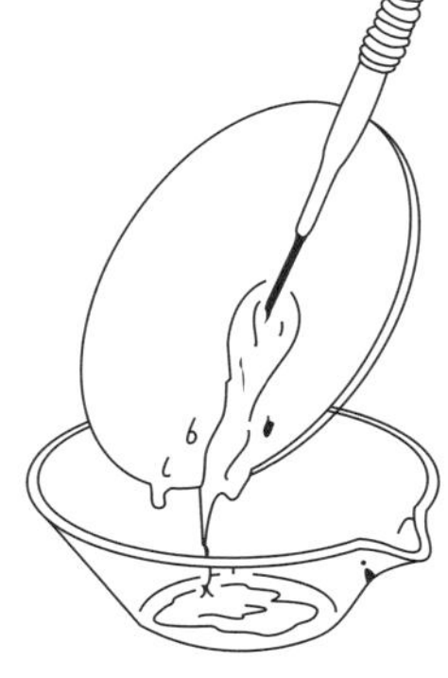

그림 4-2 증류수로 시계접시를 씻는 법

6. 증발접시의 액체를 가열 판이나 물중탕에서 끓을 때까지 서서히 가열한다. 끓어 액체가 손실이 되지 않도록 주의하고, 모든 수분이 증발될 때까지 고체를 계속 건조시킨다.
7. 접시의 가열이 끝나면 식히고 그 무게를 0.01 g까지 정확히 재고 기록한다.
8. 접시와 내용물을 세게 다시 가혈하고 식힌 다음 무게를 잰다. 만약 무게가 실험과정 **7**의 무게와 0.02 g 이내로 일치하지 않으면 무게 측정의 차이가 0.02 g 이내로 될 때까지 다시 가혈하고 잰다.
9. 무게를 잰 다음에는 증발접시의 내용물을 충분한 물로 흘려 씻는다.

조교 준비사항

01. 알코올램프 심지-굵은 것으로 교체
02. 알코올은 ethanol을 사용할 것
03. 오래된 고무 filler는 다른 안전한 것으로 교체할 것

실험 04 화학반응의 몰 개념

실험일자 :

실 험 자 : 학번 학과 조 이름

1. 실험목적

2. 기구

3. 실험방법

4. 결과 및 고찰

01. 다음 내용으로 데이터표를 만들어라.

빈 증발접시의 무게:	________ g
증발접시의 무게 + $NaHCO_3$:	________ g
$NaHCO_3$의 무게:	________ g
증발접시의 무게 + NaCl:	________ g
NaCl의 무게 :	________ g

02. 이 반응에 사용한 $NaHCO_3$의 몰수를 계산하여라.

03. 생성된 NaCl의 몰수를 계산하여라.

실험_05

기체부피와 절대온도 사이의 관계

목 적 PURPOSE

기체의 부피와 온도 조건을 변화시키면서 그 들 사이의 정량적 관계를 조사하여 기체 행동에 관한 법칙 중 "압력을 일정하게 유지하면서 온도를 변화시킬 때 일정량을 차지하는 기체의 부피는 절대 온도에 정비례한다." 라는 샤를르의 이론을 유도한다.

원 리 PRINCIPLE

기체의 성질은 기체 분자가 용기의 총 부피 중 적은 부분만을 점유하며, 용기의 대부분은 분자들 사이의 빈 공간이므로 액체와 고체의 성질과는 판이하게 다르다. 분자 운동론에 의하면 기체는 작은 입자(분자)로 구성되며, 일정하게 움직이면서 서로 충돌하며 용기의 벽과도 부딪힌다. 분자의 크기와 모양과는 관계없이 분자의 운동 에너지는 온도가 일정하면 일정하다.

만약 압력이 일정하다면 기체 일정량이 차지하는 부피는 절대온도에 정비례한다. 기체를 가열하면 분자는 에너지를 얻게 되며 서로 떨어지려고 한다. 즉, 입자들이 서로 멀리 떨어지면서 부피는 증가한다. 샤를르의 법칙에 따르면 기체의 절대온도가 배가 되면 기체의 부피도 역시 배가 된다. 이 법칙을 수학적으로 표현하면 다음과 같다.

$$V = kT$$

여기서 V는 부피, T는 절대온도, 및 k는 비례상수이다. 이 관례를 그림으로 도시하면 그림 5-1과 같다. 이 법칙은 비례관계로 다음과 같이 나타낼 수도 있다. 즉,

$$\frac{V_1}{V_2} = \frac{T_1}{T_2}$$

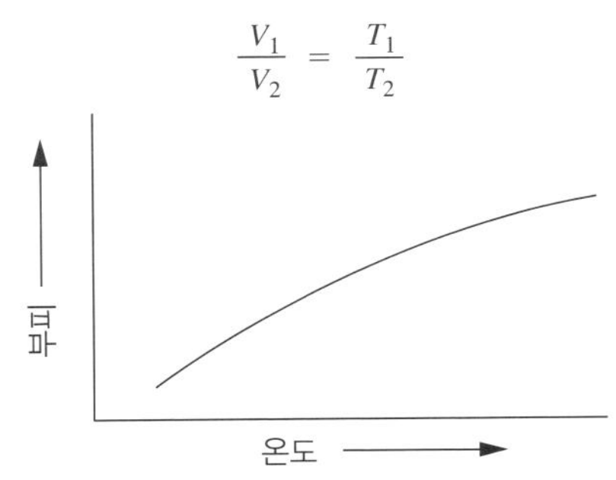

그림 5-1 일정 압력 하에서의 부피-온도 관계

또는

$$V_2 = V_1 \times \frac{T_2}{T_1}$$

여기서 V_1은 원래 부피, T_1은 원래 절대온도, V_2는 변한 새로운 부피 및 T_2는 변한 새로운 절대온도이다.

샤를르의 법칙은 기체가 참여하는 화학변화를 연구하고 분자량을 측정하는 데 대단히 유용하다. 이 실험을 통해 학생들은 샤를르의 법칙이 기체의 부피-온도 관계를 설명한다는 것을 직접 경험하게 된다.

기구 및 시약 TOOL & REAGENT

삼각 플라스크(125 mL)	고무관	온도계
구멍이 2개 뚫린 고무마개	끝이 구부러진 유리관	
실린더 (50 mL)	비이커(1 L)	

실험방법 PROCESS

그림 5-2와 같이 실험 장치를 꾸민다. 기체 유도관의 한 쪽 끝이 삼각 플라스크

밑에서 약 3 mm떨어지게 하여라. 플라스크와 기체 유도관이 모두 1L 비이커에 쏙 들어가고 유도관의 출구에 실린더가 거꾸로 세워지도록 그림 5-3과 같이 설

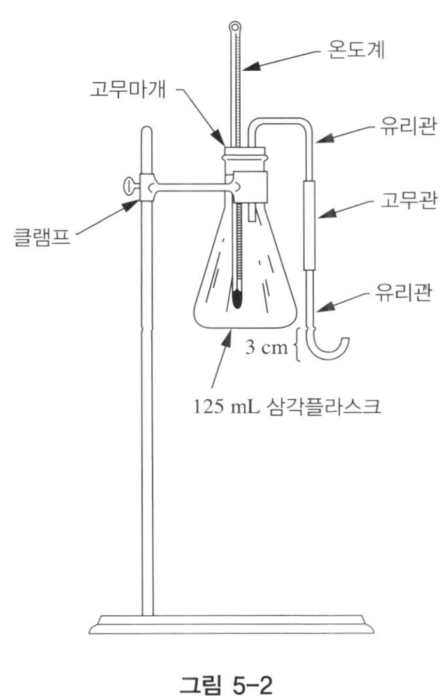

그림 5-2

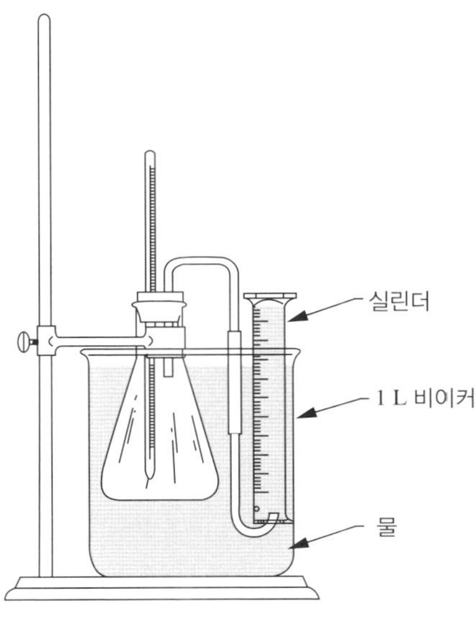

그림 5-3

치해야 한다. 1L 비이커에 물을 채우고 플라스크를 담궈 본다. 물이 넘치므로 플라스크를 꺼낸 후 물을 더 첨가해선 안 된다.

플라스크를 낮은 불에서 말린 후 실온까지 서서히 식힌다. 유도관과 온도계가 꽂혀 있는 고무마개로 삼각플라스크를 막고 전체를 그림 5-2와 같이 스탠드에 고정시킨다. 플라스크가 실온까지 식는 동안 비이커의 물을 75°C까지 가열한다. 50 mL 실린더에 물을 가득 붓고 가열되고 있는 비이커의 물 속에서 거꾸로 세워 실린더 속의 물이 동시에 가열되고록 한다.

삼각플라스크 속의 공기의 온도를 읽을 수 있는 한까지 정밀하게 읽고 실험 보고서의 데이터를 적는 란에 기록한다. 플라스크를 즉시 뜨거운 물이 들어 있으면 실린더가 거꾸로 세워져 있는 1L 비이커 속으로 낮추어 넣되 유도관의 끝이 실린더 속으로 약 2cm정도 들어가 자리잡게 한다. 유도관 끝에서 나오는 공기가 꼭 실린더 속으로만 들어가게 해야 한다. 가능한 한 깊게 플라스크를 낮추어 전체 장치 모양이 그림 5-3과 같이 되게 한다. 플라스크 속의 공기가 뜨거운 물에 의해 가열되기 때문에 그 속의 공기는 급격하게 팽창하여 삼각 플라스크에서 쫓겨나면서 모두 실린더에 포집된다. 공기 일부가 밖으로 새었다면 실험을 다시 반복한다.

뜨거운 물의 온도를 재고 그 값을 최종 온도로 보고서에 기록한다. 공기가 더 이상 나오지 않으면 실린더에서 공기 유도관을 뺀다. 거꾸로 세운 실린더를 올리거나 낮추어서 실린더 속의 수면이 비이커의 수면과 같게 하고, 실린더를 이 위치에서 고정시킨 후 실린더 속의 공기의 부피를 읽는다. 이 값을 보고서에 기록한다. 원래 공기 부피는 삼각플라스크에 고무마개를 막고 그 끝에 눈금을 표시하고 그 곳까지 물을 부어 실린더로 물의 부피를 재면 된다. 이 값을 보고서에 기록한다.

실린더에 포집된 기체는 공기와 증기의 혼합물이기 때문에 공기 만에 의해 점유되는 부피를 계산해야 한다. 지도 선생님이 실험실의 정확한 대기압을 알려 줄 것이다. 여러 온도에서의 물의 증기압을 부록 5에 수록하여 놓았다. 실험을 시작하기 전에 플라스크에 들어 있던 원래 공기부피를 팽창한 부피를 더한 총 부피는 높은 온도에서의 최종 부피로 동일하다. 샤를르의 법칙에 맞는다고 가정하고 원래 부피와 온도로부터 높은 온도에서의 마른 공기의 부피를 계산하여라. 이 계산 값이 실험에서 구한 값과 3 mL 내에서 일치하는 지를 조사하여라. 시간이 허락하면 실험을 반복하여라.

실험 05 기체부피와 절대온도 사이의 관계

실험일자 :

실 험 자 : 학번 학과 조 이름

1. 실험목적

2. 기구

3. 실험방법

4. 결과 및 고찰

01. 플라스크에 들어 있는 공기의 초기 온도

__________ ℃ __________ ℃

02. 플라스크와 실린더 공기의 최종 온도

__________ ℃ __________ ℃

03. 실린더의 기체(공기 + 증기) 부피

__________ mL __________ mL

04. 플라스크의 초기 부피

__________ mL __________ mL

05. 최종 온도에서의 증기압

__________ mm __________ mm

06. 실험실 대기압

__________ mm __________ mm

07. 최종 온도에서의 마른 공기의 부분압

__________ mm __________ mm

08. 실험실 대기압과 최종 온도에서의 실린더에 들어 있는 마른 공기의 부피

__________ mL __________ mL

09. 높은 온도에서의 마른 공기의 최종 총 부피

__________ mL __________ mL

10. 샤를르의 법칙에서 계산한 마른 공기의 최종 부피

__________ mL __________ mL

11. 백분율 오차

__________ % __________ %

5. 논 의

01. V/T가 일정해지는 조건은 무엇이며, 이 조건을 얻으려면 어떠한 실험상의 주의를 기울여야 하는가?

실험_06

기체상수의 결정

목 적 PURPOSE

기체상수는 화학에서 여러 중요한 기본 상수 중의 하나이다. 이 실험에서는 일정량의 산소 기체를 발생시켜, 기체의 상태를 기술하는 데 필요한 기본 상수인 기체상수의 값을 계산해본다.

원 리 PRINCIPLE

$$2KClO_3(s) \xrightarrow{MnO_2(\triangle)} 2KCl(s) + 3O_2(g)$$

기체의 양과 온도, 부피, 압력들의 관계는 기체 상태방정식에 의하여 주어지고, 대부분의 기체는 높은 온도와 낮은 압력에서 이상기체의 상태방정식 PV= nRT를 만족한다. 여기서, R은 기체상수라고 불리우는 기체의 상태를 기술할 때 사용되는 기본 상수이다. 이 실험에서는 산소 기체의 압력(P), 부피(V), 몰수(n), 그리고 온도(T)를 측정하여 이상기체 상태방정식으로부터 기체상수(R)를 계산한다.

$KClO_3$를 가열하면 산소 기체가 발생하고 고체는 KCl로 변화한다. 그러므로 기체의 무게가 감소할 정도를 알면 발생된 산소 기체의 몰수를 계산할 수 있다. MnO_2는 산소 발생반응에 촉매로 작용하여 산소 기체의 발생을 촉진시키고 그 자신은 변화하지 않는다. 이 실험에서 발생한 산소 기체의 부피는 그림 6-1과 같

은 장치에서 발생한 산소 기체에 의하여 밀려나간 물의 부피로 계산한다. 그러나 시약병의 윗부분에서는 산소 기체와 함께 수증기도 같이 들어 있기 때문에 산소 기체의 압력은 부록 5에 주어진 수증기의 부분 압력으로 보정하여 주어야 한다.

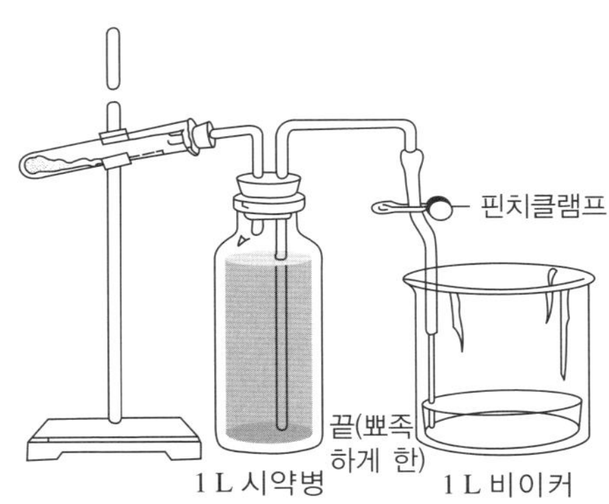

그림 6-1 기체 발생장치

기구 및 시약 TOOL & REAGENT

스텐드	시약병(1 L)과 비이커(1 L)	시험관 2개
조임클램프	가열기와 저울	$NaHCO_3$
MnO_2	$KClO_3$	

실험방법 PROCESS

그림 6-1과 같은 기체 발생장치를 만든다. 마개와 유리관의 연결 부분을 통하여 기체가 새어나가지 않는지 확인하여야 한다. 비이커 쪽으로 연결된 유리관은 시약병의 바닥에 닿을 정도로 길어야 한다.

미리 건조시킨 후 무게를 측량한 1 g의 $KClO_3$와 0.2 g의 MnO_2를 그림 6-1과 같이 준비한다. 시약병에 물을 가득 채우고 시료를 넣은 시험관을 클램프를 사용하여 그림과 같이 거의 수평이 되도록 고정시킨다. 시료가 시험관 벽에 넓게 퍼지도록 하여야 하나 시료가 마개에 닿아서는 안 된다. 시약병과 비이커를 연결한 U자관에 물을 가득 채워지도록 하고, 실험장치의 모든 연결 부분이 완벽

한가를 확인한다. 비이커의 물을 모두 버리고 비이커를 원래의 위치에 놓은 후 핀치클램프를 다시 열어준다.

작은 불꽃으로 시험관 전체를 서서히 가열한다. 산소 기체가 발생하면 시약병의 물이 밀려나오게 된다. 산소 기체가 너무 급격히 발생하지 않도록 주의하면서 시험관을 서서히 가열한다. 시약병에서 밀려나온 물의 양이 500~600 mL가 되면 가열하는 것을 멈추고 시험관이 식을 때까지 잠시 기다린다. 비이커의 높이를 조절하여 비이커와 시약병의 수면의 높이를 같게 한 후에 핀치클램프를 잠근다. 눈금 실린더를 사용하여 비이커 속의 물의 부피를 측정하고, 시험관의 무게를 다시 측정한다. 대기압을 기록하고 시약병의 물의 온도를 측정한다.

주의사항

☞ 시험관을 가열할 때 시약병의 물이 가열되지 않도록 조심하여야 한다. 시험관과 시약병 사이를 석면판 등으로 차단하면 좋다.

핵심개념

- 압 력

정 의: 단위 면적당 가해진 힘
SI unit:파스칼(Pa) $1\ \text{Pa} = 1\text{N}/\text{m}^2$
다른 기압을 나타내는 단위
mmHg: 수은 기둥의 높이,   1atm = 760 mmHg
표준기압(atm): 0°C에서 760 mmHg

- 기체 상수

R = kNA
k: Boltzmann constant
$=1.38066 \times 10^{-23}\ \text{JK}^{-1}$
NA: Avogadro constant
$=6.02214 \times 10^{23}\ \text{mol}^{-1}$
$R = 8.31451\ \text{JK}^{-1}\text{mol}^{-1}$
$= 8.20578 \times 10^{-2}\ \text{LatmK}^{-1}\text{mol}^{-1}$
$= 62.364\ \text{LTorrK}^{-1}\text{mol}^{-1}$

- 이상 기체 상태방정식

pV = nRT (p:압력, V:부피, n:몰수, R:기체 상수, T:절대 온도)

조교 준비사항

01. 시험관에 $KClO_3$를 넓게 퍼지게 하여 가열할 것

02. 유리관의 상태를 확인 후 가스가 새는 것은 새롭게 제작할 것

03. 핀치클램프 사용할 것

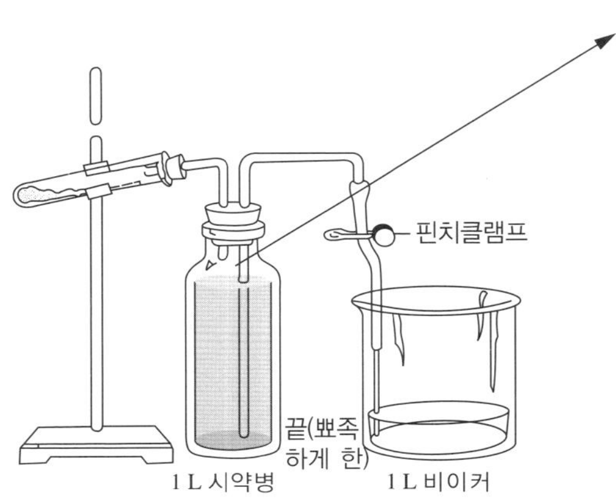

그림 6-2

실험 06 기체상수의 결정

실험일자 :

실 험 자 : 학번 학과 조 이름

1. 실험목적

2. 기구

3. 실험방법

4. 결과 및 고찰

01. 가열하기 전 시료를 넣은 시험관의 무게
02. 가열한 후 시료를 넣은 시험관의 무게
03. 발생된 산소의 무게(01~02)
04. 발생된 산소 기체의 몰수 (03/32.0)
05. 산소 기체의 부피
06. 대기압
07. 물의 온도
08. 물의 증기압력
09. 산소 기체의 부분압력 (06~07)
10. 기체 상수 $R = PV/nT$

5. 논의

01. 기체상수의 실험값과 문헌의 값을 비교하여, 오차의 요인은 무엇인가를 설명하여라.

02. 시험관이 실온으로 식기 전에 부피를 측정하면 실험결과에 어떤 영향이 있겠는가?

실험 _ 07

반응열과 헤스의 법칙

목 적 PURPOSE

고체 수산화나트륨과 염산의 중화 반응을 한 단계 및 두 단계로 진행시켜 각 단계의 반응열을 측정하고 헤스의 법칙을 확인한다.

원 리 PRINCIPLE

화학변화가 진행되는 동안에 엔탈피의 변화는 반응 전의 물질의 종류 및 상태와 반응 후의 물질의 종류 및 상태만 같으면 반응 경로에는 관계없이 항상 일정하다. 이것을 헤스의 법칙이라고 한다. 헤스의 법칙은 엔탈피가 상태함수이기 때문에 성립되는 법칙이다. 고체 수산화나트륨과 염산 중화반응을 반응식으로 나타내면 다음과 같으며, 여기서 ΔH_1은 이 반응의 반응열이다.

$$\mathrm{NaOH(s) + H^+(aq) + Cl^-(aq) \xrightarrow{\Delta H_1} H_2O(\mathit{l}) + Na^+(aq) + Cl^-(aq)} \quad (1)$$

이 반응은 다음과 같이 두 단계로 나누어 일어나게 할 수 있다. 첫 단계는 고체 수산화나트륨을 물에 녹여 NaOH 수용액을 만드는 과정이고 두 번째 단계는 이 용액을 염산으로 중화하는 과정이다.

$$\mathrm{NaOH(s) \xrightarrow[H_2O(\mathit{l})]{\Delta H_2} Na^+(aq) + OH^-(\varepsilon q)} \quad (2)$$

$$Na^{+}(aq) + OH^{-}(aq) + H^{+}(aq) + Cl^{-}(aq) \xrightarrow{\Delta H_3} H_2O(l) + Na^{+}(aq) + Cl^{-}(aq) \quad (3)$$

여기서 ΔH_2 및 ΔH_3는 두 반응에 대한 각각의 반응열이다. 반응식 (2)와 반응식 (3)을 더하면 반응식 (1)이 된다. 따라서 각 반응열 사이에는 다음과 같은 헤스의 법칙을 만족시키는 관계가 성립된다.

$$\Delta H_1 = \Delta H_2 + \Delta H_3 \quad (4)$$

기구 및 시약 TOOL & REAGENT

삼각플라스크(250 mL) 3개	0.5M NaOH
비이커(500 mL) 또는 플라스틱 휴지통(1 L)	0.5M HCl
눈금 실리더 (100 mL)	0.25M HCl
온도계(0~100°C, 눈금 1°)	NaOH
저울	

실험방법 PROCESS

1 반응 (1)의 반응열 측정

깨끗하게 씻어 말린 250 mL 삼각플라스크의 무게를 0.1 g까지 측정한 후 스티로폼(또는 솜) 보온재로 싸서 보온한다. 여기에 0.25M 염산 용액 200 mL를 넣은 다음 온도를 0.1°까지 측정한다. 약 2 g의 고체 수산화나트륨 알갱이를 0.01 g까지 신속히 측정하여 플라스크에 넣고 흔들어 잘 녹인다. 용액의 최고 온도를 기록하고 플라스크의 무게를 단다.

이 반응에서 방출된 열은 용액과 플라스크에 의하여 흡수된 열량의 합과 같다. 용액에 의하여 흡수된 열량은 용액의 열용량에 온도 상승값을 곱한 것과 같으며, 마찬가지로 플라스크에 의하여 흡수된 열량은 플라스크의 열용량에 온도 상승값을 곱한 것과 같다. 따라서 이 반응의 반응열은 다음과 같이 구할 수 있다.

$$\Delta H_1 = m_1(\text{용액}) \times \Delta T \times 4.18 + m_2(\text{플라스크}) \times \Delta T \times 0.85(J)$$

여기서 m_1(용액)과 m_2(플라스크)은 각각 용액과 플라스크의 질량이며, 묽은 수용액의 비열은 4.18J/g, 유리의 비열은 0.85J/g으로 가정한다.

2 반응 (2)의 반응열 측정

실험 1에서 0.25 M 염산용액 대신 물 200 mL를 사용하여 위와 같은 방법으로 실험을 수행한다.

3 반응 (3)의 반응열 측정

실험 1에서와 같은 방법으로 삼각플라스크의 무게를 측정하고 스티로폼 보온재로 싼 다음 여기에 0.5 M 염산 용액 100 mL를 넣는다. 눈금 실린더에 0.5 M 수산화나트륨 용액 100 mL를 취한다. 이 두 용액의 온도가 거의 같아질 때까지 기다려 그 온도를 측정한다. 수산화나트륨 용액을 빠르게 염산 용액에 쏟아 넣고 상승한 최고 온도를 측정한다.

실험 07 반응열과 헤스의 법칙

실험일자 :

실 험 자 : 학번 학과 조 이름

1. 실험목적

2. 기구

3. 실험방법

4. 결과 및 고찰

01. 반응 (1)의 반응열

삼각플라스크의 무게	________	g
고체 NaOH의 무게	________	g
중화된 용액과 플라스크의 무게	________	g
중화된 용액의 무게	________	g
염산 용액의 온도(T_1)	________	°C
중화된 용액의 최고 온도(T_1)	________	°C
온도 상승, $\Delta T = T_1 - T_1$	________	°
용액에 의해 흡수된 열량	________	J
플라스크에 의해 흡수된 열량	________	J
반응 (1)에서 방출된 열량	________	J
NaOH 1몰 당 반응열, ΔH_1	________	kJ/mol

02. 반응 (2)의 반응열

삼각플라스크의 무게	________	g
고체 NaOH의 무게	________	g
NaOH 용액과 플라스크의 무게	________	g

(계속)

NaOH 용액의 무게	______	g
물의 온도(T_1)	______	°C
NaOH 용액의 최고 온도(T_1)	______	°C
온도 상승, $\Delta T = T_1 - T_1$	______	°
용액에 의해 흡수된 열량	______	J
플라스크에 의해 흡수된 열량	______	J
반응 (2)에서 방출된 열량	______	J
NaOH 1당 용해열, ΔH_2	______	kJ/mol

03. 반응 (3)의 반응열

삼각플라스크의 무게	______	g
중화된 용액과 플라스크의 무게	______	g
중화된 용액의 무게	______	g
HCl 용액과 NaOH 용액의 평균 온도(T_i)	______	°C
중화된 용액의 최고 온도	______	°C
온도 상승, $\Delta T = T_f - T_i$	______	°
용액에 의해 흡수된 열량	______	J
플라스크에 의해 흡수된 열량	______	J
반응 (3)에서 방출된 열량	______	J
NaOH 1몰 당 중화열, ΔH_3	______	kJ/mol

04. 이상의 실험 결과로부터 헤스의 법칙이 성립됨을 확인하여라.

05. 04에서 헤스의 법칙이 만족되지 않는다면 그 이유는 무엇인가?

실험 _ 08

이산화탄소의 승화열

목 적 PURPOSE

드라이아이스(고체 이산화탄소)의 승화열을 측정한다.

원 리 PRINCIPLE

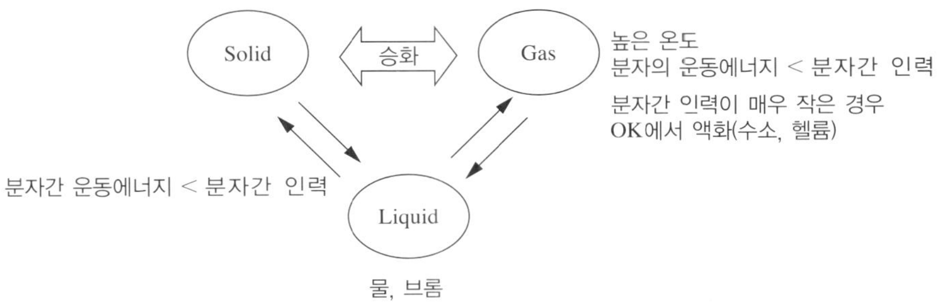

이산화탄소는 압력이 5.11기압 이상이 되어야 액체로 존재할 수 있고, 압력이 낮을 때는 기체 또는 고체로만 존재할 수 있다. 고체 이산화탄소(드라이아이스)는 −78.5°C가 되어야만 증기압이 1기압이 되기 때문에 상온에서 액체를 거치지 않고 고체에서 바로 기체로 변화는 승화현상이 관찰된다. 드라이아이스가 승화할 때 주위로부터 많은 열을 흡수하게 된다.

이 실험에서는 뜨거운 물과 차가운 물을 사용하여 이산화탄소의 승화열을 측정한다. 컵 속에 w g의 물이 들어 있었고, y g의 드라이아이스가 승화하면서 물의 온도가 ΔT만큼 떨어졌다면, 이 때 물이 방출한 열량 Q는 물이 방출한 열량과 드라이아이스의 흡수한 열량과 같다.

$$Q = 4.18(J/g°C)\ w(g)\ \Delta T(°C)$$

따라서 드라이아이스 1 g의 승화열은

$$\Delta H_{승화} = \frac{Q(J)}{y(g)}$$ 로 계산된다.

기구 및 시약 TOOL & REAGENT

스티로폼 컵(열량계)	드라이아이스	온도계
저울	깔때기	풍선

실험방법 PROCESS

1 차가운 물을 사용하는 방법

01. 간단한 열량계를 준비한다.

02. 깔때기와 온도계를 넣을 수 있도록 구멍이 뚫려있는 뚜껑을 준비한다.

03. 열량계에 온도계를 수직으로 세운다.

04. 컵에 물을 40 mL 정도 넣고 질량을 측정한다.

05. 잘게 부순 드라이아이스 5.0 g의 질량을 정확히 측정해서 재빨리 깔때기에 부어 넣는다.

06. 온도가 더 이상 내려가지 않을 때까지 컵을 건드리지 말고 기다린다. 온도가 최저로 내려간 다음에 컵을 조용히 흔들어주고 물의 온도를 다시 측정한다.

07. 실험을 반복한다.

핵심개념

☞ 승화열, 열에너지, 상변화, 녹음열, 기화열, 엔탈피, 열량계

- 녹음열(기화열): 일정한 압력과 온도에서 물질의 상변화를 일으키기 위해서 공급해주어야 하는 열에너지의 양
- 열량계: 화학 변화가 일어날 때 흡수되거나 방출되는 열을 측정하는장치

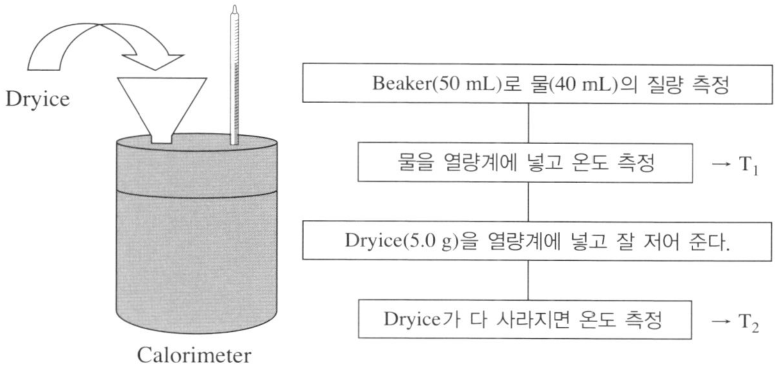

그림 8-1

조교 준비사항

01. 드라이아이스에 의해 물이 얼지 않도록 한다.

02. 온도계의 눈금이 안보일 경우 100°C 알코올 온도계를 사용한다.

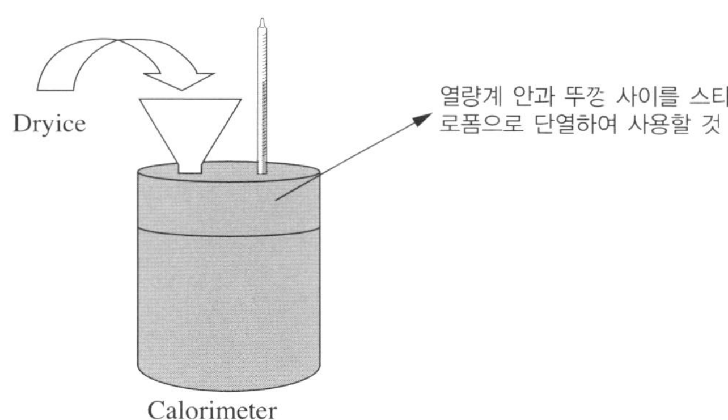

그림 8-2

실험 08 이산화탄소의 승화열

실험일자 :

실 험 자 : 학번 학과 조 이름

1. 실험목적

2. 기구

3. 실험방법

4. 결과 및 고찰

	1차	2차
물의 질량		
드라이아이스를 넣기 전의 온도		
드라이아이스의 질량		
드라이아스를 넣은 후의 온도		
온도변화		
승화할 때 흡수한 열의 양		
드라이아이스의 승화열		
평균		

01. 이 실험에서 얻은 결과에는 어떤 불확실도가 포함되어 있는가?

02. 승화열의 정확한 정의가 무엇이고, 이 실험에서 측정한 값이 엄밀한 의미에서 승화열과 어떻게 다른가?

실험 _ 09

엔탈피의 측정

목 적 PURPOSE

산과 염기의 중화반응을 이용해서 엔탈피가 상태함수임을 확인한다.

원 리 PRINCIPLE

1 용어

- 계(System): 우리가 관심을 가지는 우주의 일부분
- 주위(Surrounding): 계와 에너지를 교환하며 계를 제외한 나머지 일부분

* 흡열반응: 열이 주위로부터 반응계로 흐르는 반응.(endothermic) $\Delta H > 0$
* 발열반응: 열이 반응계로부터 주위로 흐르는 반응.(exothermic) $\Delta H < 0$
* 열용량: 물질의 온도를 1°C만큼 변화시키는데 필요한 열의 양으로 시료의 크기에 의존하는 크기성질
* 비열용량(비열): 물질 1 g의 온도를 1°C만큼 변화시키는데 필요한 열의 양으로 세기성질.

$Q = C \times W \times \Delta T$Q: 반응에서 출입한 열의 양

W: 물질의 질량

C: 비열용량

T: 온도 변화

* 엔탈피(Enthalpy: ΔH): 일정한 압력 아래서 상태변화에서 출입하는 열의 양.

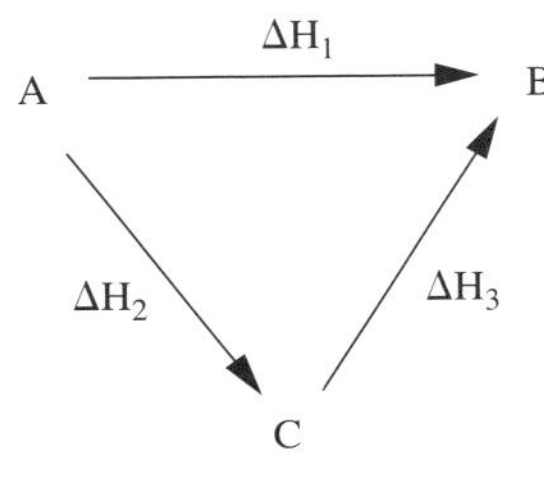

$$\Delta H_1 = \Delta H_2 + \Delta H_3$$

기구 및 시약 TOOL & REAGENT

50 mL 삼각플라스크	온도계	고무마개
100 mL 눈금실린더	보온재	저울

실험방법 PROCESS

1 ΔH_1의 측정 (반응1)

01. 깨끗이 씻어서 말린 100 mL 비이커의 무게를 측정한다.

02. 열량계에 무게를 잰 비이커를 넣는다.

03. 0.25M HCl 50 mL를 비이커에 넣는다.

04. 스티로폼으로 단열한 다음 열량계의 뚜껑을 덮고 온도를 측정한다.

05. 0.5 g의 NaOH(s)를 재빨리 재서 비이커에 넣는다.

06. 용액의 온도가 가장 높이 올라갈 때의 온도를 기록하고 비이커의 무게를 측정한다.

2 ΔH_2의 측정 (반응2)

01. 깨끗이 씻어서 말린 100 mL 비이커의 무게를 측정한다.

02. 열량계에 무게를 잰 비이커를 넣는다.

03. H_2O 50 mL를 비이커에 넣는다.

04. 스티로폼은 단열한 다음 열량계의 뚜껑을 덮고 온도를 측정한다.

05. 0.5 g의 NaOH(s)를 재빨리 재서 플라스크에 넣는다.

06. 용액의 온도가 가장 높이 올라갈 때의 온도를 기록하고 비이커의 무게를 측정한다.

3 ΔH_3의 측정 (반응3)

01. 깨끗이 씻어서 말린 100 mL 비이커의 무게를 측정한다.

02. 열량계에 무게를 잰 비이커를 넣는다.

03. 0.5M HCl 25 mL를 비이커에 넣는다.

04. 0.5M NaOH 25 mL를 눈금실린더에 넣는다.

05. 눈금실린더와 비이커의 온도가 같을 때까지 기다린 후 온도를 측정한 후, 비이커를 열량계에 넣고 스티로폼으로 단열한 다음 열량계의 뚜껑을 덮는다.

06. 비이커에 NaOH 용액을 재빨리 넣는다.

07. 용액의 온도가 가장 높이 올라갈 때의 온도를 기록하고 비이커의 무게를 측정한다.

조교 준비사항

01. NaOH(s) 사용시 조해성이 있으므로 빨리 재어서 실험할 것을 숙지시킨다.

실험 09 엔탈피 측정

실험일자 :

실 험 자 : 학번 학과 조 이름

1. 실험목적

2. 기구

3. 실험방법

4. 결과 및 고찰

실험 _ 10

주기율

목 적 PURPOSE

주기율표를 원소의 성질과 위치에 따른 경향성을 직접 찾아보고 비교하므로 원소의 물리적인 성질의 차이를 이해시킨다.

원 리 PRINCIPLE

원소를 오늘날과 같이 체계화한 것은 1869년 Mendeleev에 의해 처음으로 주기율표가 만들어지면서 비롯되었다. Mendeleev는 원소를 원자량의 순서로 배열하였으나 성질이 비슷하지 않은 원소가 같은 세로줄에 배열되는 경우가 있었다. Moseley는 이러한 모순을 해결하여 원소를 원자번호 순으로 배열하였다. Moseley가 수정한 것에 따르면 원소의 주기율은 다음과 같이 말할 수 있다.

원소의 성질은 그 원소의 원자번호의 주기적 함수이다. 이미 알려진 109개 원소들은 각각의 성질이 있는데, 고체로부터 기체, 광택이 있는 것에서 광택이 흐린 것, 녹는점이 낮은 것에서 높은 것, 여러 가지 색깔 등이다. 원소는 주기율표에서 족(세로줄)과 주기(가로줄)로 나뉜다. 이러한 배열에 따라 원소의 성질은 주기성을 나타내면서 되풀이 된다.

이 실험에서는 원소의 주기적 성질을 이용하여 뒤섞인 원소표로부터 원소를 올바르게 배열할 수 있는 방법을 익힌다. 따라서 IA~VIIIA족 원소(1,2,13~18)를 주기적 성질에 따라 배열하여 주기율표의 위치에 있는 각 원소의 성질을 예측할 수 있고, 나아가서 원소의 성질에서 유사성과 주기성을 설명할 수 있게 된다.

기구 및 시약 TOOL & REAGENT

가위	풀 또는 접착제
빈 주기율표	뒤섞인 원소표

실험방법 PROCESS

1. 표 10-2를 놓는다. 표에 있는 각각의 칸은 IA~VIIIA족(1~18)의 다른 원소를 나타낸다.
2. A~Z의 각 칸을 가위로 자른다. (표 10-1) 또는 빈 표의 각 원소를 알맞은 자리에 배열한다. 26개의 원소를 올바른 위치에 놓으면 그 자리에 접착제로 붙인다. 다음과 같은 원소의 성질이 각 족에 함께 들어가도록 한다.

ZRD, PSIF, JXBE, LHT, QKA, WOV, GUV, YMC

J: 원자번호가 T의 3배
U: 모두 6개의 전자를 가지고 있다.
I_2A: 산화물의 화학식
P: S보다 밀도가 작다.
S: 알칼리족 원소
E: 영족기체
W: 액체
Z: 이 족에서 원자량 가장 적다.
B: 10개의 양성자를 가진다.
O: X보다 원자번호가 크다.
D: 이 족에서 원자량이 가장 크다.
F: 기체
X: F보다 원자번호가 하나 더 많다.
L: 원자량이 40인 알칼리토금속이다.
Y: 비금속이다(반금속이다)

V: 할로겐이다.

T: T의 원자량은 H보다 크다.

Q: 원자량이 A의 2배이다.

I: I의 원자는 S의 원자보다 크다.

M: 원자번호가 A보다 하나 작다.

N: 원자 N의 전자는 셋째 에너지 준위 위에 있다.

K: K의 원자반지름은 이 족에서 가장 크다.

3. 나머지 16칸을 가위로 자른다. 각 칸에서 마련한 자료와 주기적 성질에 관한 지식을 이용하여 이 원소들을 표 10-1의 알맞은 배열한 다음 접착제로 붙인다.

4. 각각의 칸에는 몇 가지 정보가 누락되어 있다. 주기율표상의 원소 위치로 보아 누락된 값을 예측하고 그 값을 써넣는다(주기율표를 참고하여 각 원소의 기호를 결정할 수도 있다).

연습문제

01. 완성된 주기율표를 살펴보아라. 주기율표의 세로줄(족)과 가로줄(주기)에서 다음 중의 어떤 경향성을 알 수 있는가?

① 밀도

② 원자반지름

③ 녹는점

02. 중금속은 어느 곳에 위치하는가? 네 가지 예를 들어라.

03. 금속과 비금속의 네 가지 물리적 성질의 차이를 적어라.

04. 주기율표에서 나트륨이 그 위치에 있는 이유를 들어라.

05. 주기율의 IA족에서 VIIIA족까지 존재하는 원소의 위치로부터 그 원소 각각의 산화수와 전자배치는 어떻게 예측할 수 있는가?

06. 만든 주기율표와표 10-1의 옳은 형태를 비교하여라. 잘못 배열한 원소가 있으면 ○표를 하여라.

실험 10 주기율

실험일자 :

실 험 자 : 학번　　　　학과　　　　조　　　　이름

01. 기체원소들을 써라.
02. 액체원소들을 써라.
03. 비결합 상태에서 이원자분자로 나타내는 원소를 쓰고 이 각각에 대하여 이원자분자의 화학식을 써라.
04. 독특한 색을 갖는 원소를 써라.
05. 녹는점이 가장 높은 원소 6개는 어떤 것인가?
06. 밀도가 가장 큰 원소는 무엇인가?
07. 끓는점이 가장 높은 6개 원소는 무엇인가?
08. 가장 큰 이온화에너지는 어떤 원소인가?
09. 전기음성도가 가장 큰 원소 셋을 써라.
10. 대표적 원소의 일반적인 산화상태를 아래에 써라.

IA ____ IIA ____ IIA ____ IVA ____ VA ____ VIA ____ VIIA ____

11. 아래 원소들과의 산화물의 화학식을 써라.

Na ____ Mg ____ Al ____ Si ____ P ____ S ____

아래의 수소화물의 화학식을 써라.

Li ____ Be ____ B ____ C ____ N ____ OF ____

아래의 염화물의 화학식을 써라.

K ____ Ca ____ Ga ____ Ge ____ As ____ Se(+4) ____ Br(+1) ____

철과 아연의 산화물에 대한 화학식

____

철과 아연의 염화물에 대한 화학식

____

아연의 수소화물에 대한 화학식

____

실험 _ 11

분광광도계를 이용한 용액의 농도측정

목 적 PURPOSE

분광광도계를 이용하여 물질의 흡광도를 측정하고 미지시료의 농도를 예측한다.

원 리 PRINCIPLE

Spectronic20 분광광도계는 조작이 단순한 홑살 분광광도계로서 시료에 의해서 흡수되는 빛의 정도를 측정하는 장치이다. 시료용액에 들어있는 용질에 의한 흡광도는 시료용액과 바탕 용매의 투과도의 비로부터 결정된다. 바탕용매의 투과도가 100%(흡광도 0%)가 되도록 입사광의 세기를 조절하고 같은 조건에서 입사광을 시료용액에 투과시키면 그 값의 비로부터 시료의 흡광도가 계기에 표시된다.

• Beer의 법칙

흡광도(A)는 복사선이 용액을 통과하는 행로의 길이(b)와 흡광 화학종의 농도(c)에 정비례한다.

$$A = abc \text{ 또는 } A = \varepsilon bc$$

A: 흡광도, a: 흡광계수(L/cm · g), ε: 몰흡광계수(l/cm · mol),
b: 빛의 행로 = 시료 용기의 두께(cm), c: 농도(mol/L)

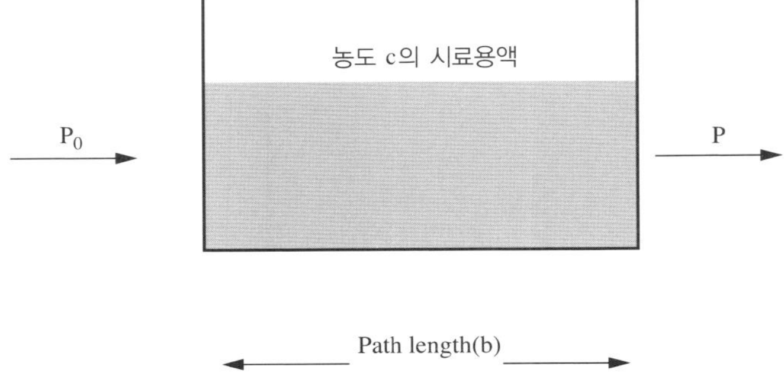

용액의 투과도(Transmittance, T)는 용액을 투과한 입사복사선의 분율이다.

- 투과도(Transmittance, T):

$$\mathrm{T} = \frac{P}{P_0}$$

- 백분율로 표시된 투광도:

$$\%T = \frac{P}{P_0} \times 100$$

여기에서 흡광도(Absorbance, A)는 다음과 같이 정의된다.

- 흡광도(Absorbance, A):

$$A = -\log T = -\log\frac{P}{P_0} = 2 - \log\%T$$

위의 식에 따르면 용액의 흡광도는 투과도와 반대로 빛살이 많이 감소할수록 증가함을 알 수 있다.

기구 및 시약 TOOL & REAGENT

비이커	분광광도계	10 mL 눈금실린더
흡광도	측정용 시험관	시험관 받침대
뷰렛	0.1 M $CoCl_2$ 수용액	

실험방법 PROCESS

1 분광광도계 조작 방법

01. 분광광도계의 전원을 연결하고 적어도 15분 이상 예열시킨다.

02. 파장 선별기를 돌려서 원하는 빛의 파장을 선택한다.

03. 시료용기에 바탕 용매를 넣고 뚜껑을 닫은 후 '100%T OA' 버튼을 눌러 100% 투과도가 되도록 조절한다.

04. 시료가 든 용기를 넣고 뚜껑을 닫은 후 흡광도를 읽는다.

2 분광광도계 조작 방법

01. 분광광도계를 일정 시간(15분 정도) 예열한다.

02. 분광광도계의 파장을 512 nm에 맞춘다. (최대 흡수파장)

03. 0.1M $CoCl_2$ 표준용액을 30 mL 취한 후 5개의 시험관을 준비한다.

04. 10 mL 눈금실린더에 0.1M $CoCl_2$ 표준용액을 각각 2.0 mL, 4.0 mL, 6.0 mL, 8.0 mL 취한 뒤 증류수를 가하여 10 mL로 묽힌다.

05. 4개의 시험관에 4에서 묽힌 용액을 6 mL 씩 취하고 5번째 시험관에는 묽히지 않은 0.1M $CoCl_2$ 표준용액 6 mL를 취한다.

06. 분광광도계에 증류수를 가득 채운 시료용기를 넣고 %T를 100%T로 조절한다.

07. 시료 용기에 각각의 용액에 대한 흡광도를 측정한다.

08. X축은 농도, Y축은 흡광도인 검정곡선을 작성한다.

09. 미지시료의 흡광도를 측정한다.

10. 검정곡선을 이용하여 미지시료의 농도를 예측한다.

조교 준비사항

01. 분광광도계의 작동 유무 확인 및 수리(대인과학 이기영 : 02-2277-3770)

02. 분광광도계 같은 부분 수리 시 1년 무상수리임을 숙지할 것

실험 11 분광광도계를 이용한 용액의 농도 측정

실험일자 :

실 험 자 : 학번 학과 조 이름

1. 실험목적

2. 기구

3. 실험방법

4. 결과 및 고찰

농도(M)	0.02	0.04	0.06	0.08	0.10	미지시료
%T	76.1	59.4	46.5	36.8	29.2	53.1
Absorbance	0.119	0.226	0.333	0.434	0.535	0.275

[검정곡선]

감기약으로부터 파스약의 합성

목 적 PURPOSE

진통해열제인 아세틸살리칠산과 파스약인 살리칠산메칠이 모두 살리칠산의 유도체인 것을 이해한다.

원 리 PRINCIPLE

COOH
O — C — CH$_3$
O

NaOH →

COONa
ONa

Asprin
$C_9H_8O_4$
Exact Mass: 180.04
Mol. Wt.: 180.16
C, 60.00; H, 4.48; O, 35.52

HCl →

COOH
OH

CH$_3$OH →

COOCH$_3$
OH

\+ H_2O

Salicylic acid
$C_7H_6O_3$
Exact Mass: 138.03
Mol. Wt.: 138.12
C, 60.87; H, 4.38; O, 34.75

Methylsalicylate
$C_8H_8O_3$
Exact Mass: 152.05
Mol. Wt.: 152.15
C, 63.15; H, 5.30; O, 31.55

기구 및 시약 TOOL & REAGENT

아스피린 0.5 g	3M-NaOH 용액	3M-HCl 용액
염화철(Ⅲ)	H_2SO_4	메탄올
시험관	여과지(No.2)	Stand
피펫	깔때기	ring-clamp
알코올램프		

실험방법 PROCESS

1. 시험관에 아스피린 0.5 g과 3M-NaOH 용액 5 mL를 넣고 잘 흔들면서 알코올램프로 가열한다.

※ 가열시 시험관의 용액이 밖으로 튀어 나가지 않도록 주의할 것

2. 아스피린이 녹으면 시험관을 흐르는 물로 냉각시킨 다음, 잘 흔들면서 시험관에 3M-HCl 용액을 백색 침전이 충분히 생길 때까지 5 mL를 가한다.
3. 생성된 결정을 여과지로 여과한다.
4. 결정의 일부를 시약스푼으로 취하여 시험관에 넣고 물 2 mL를 가하여, 소량의 염화철(III)을 넣으면서 잘 저으면 자색이 된다. (페놀성 수산기의 존재유무 확인)
5. 다른 시험관에 아스피린을 소량 넣고 4와 같이 염화철(III)을 가해 색이 띠지 않는 것을 확인한다.
6. 3.에서 얻어진 결정을 여과지를 겹쳐서 물을 제거한다. 다른 시험관에 결정을 넣고 메탄올을 2 mL를 가한다. 여기에 황산 두 방울을 가하고, 알코올램프로 30초간 가열한다.

※ 가열시 시험관의 용액이 밖으로 튀어 나가지 않도록 주의할 것

7. 가열 후 물 5 mL를 가하고, 이 수용액을 소량 취하여 여과지에 놓고 냄새를 맡아 파스약의 냄새를 확인한다.
8. 7.에서 만든 나머지 액에 소량의 염화철(III)을 가하면 자색이 된다.

조교 준비사항

01. 건조기 사용 시 산과 염기를 사용하므로 건조기내의 부식에 유념하여 방지 대책을 세워 실험할 것

실험 12 감기약으로부터 파스약의 합성

실험일자 :

실 험 자 : 학번 학과 조 이름

1. 실험목적

2. 기구

3. 실험방법

4. 결과 및 고찰

실험_13

크로마토그래피

목 적 PURPOSE

시료와 용매의 분배 차이를 이용하여 Chromatography의 원리를 이해하고 혼합물을 분리한다.

원 리 PRINCIPLE

1. Chromatography는 색(chromato)을 기록한다(graphy)는 의미로써 혼합물을 정지상이나 이동상의 친화도에 따른 차이를 이용하여 분리하는 방법이다.

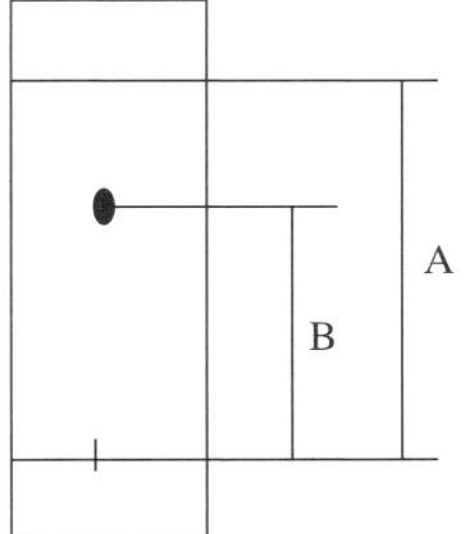

R_f(Retentin Factor)

$$= \frac{\text{성분물질이 이동한 거리}}{\text{용매가 이동한 거리}}$$

$$= \frac{B}{A}$$

2. Chromatography의 종류

- 종이크로마토그래피: 고정상이 셀룰로오스로 극성이 작용기가 많은 물질 분리에 사용

- 얇은 판 크로마토그래피(TLC): 다양한 방법으로 확인이 가능하며 전개가 쉽고 전개 시간이 짧으므로 많이 사용
- 관 프로마토그래피: 적당한 흡착제를 사용하여 관에 채우고 분리에 알맞은 용매를 흘려보내 분리시키는 방법
- 액체 크로마토그래피: 이동상으로 적당한 액체용매를 사용하여 분리
- 기체 크로마토그래피: 불활성 기체를 흘려주어 sample과 고정상과의 관계로 분리하는 방법

3. Chromatography의 분류

01. 흡착 크로마토그래피(adsorption Chromatography)

- 화합물이 고체 표면에 흡착되는 정도의 차이를 이용.

02. 겔투과 크로마토그래피(gel Chromatography)

- 작은 분자가 교대로 결합된 겔의 틈새를 잘 침투하는 효과를 이용.

03. 이온교환 크로마토그래피(ion exchange Chromatography)

- 주어진 pH가 해리에 의해 생긴 이온의 전하 차이를 이용.

04. 분배 크로마토그래피(partition Chromatography)

- 용매에 녹는 정도가 다른 점을 이용.

05. 액체 크로마토그래피(liquid-liquid Chromatography)

- 고체표면에 얇은 액체의 막을 입힌 정지상(stationary phase) 사이로 극성이 다른 용액(이동상, mobile phase)을 흘려주면 서 두 액체 사이에 물질의 분배가 일어 나도록하는 경우.

06. 기체-액체 분배 크로마토그래피(gas-liquid partition Chromatography)

- 기체를 이동상으로 이용.

07. 정상 액체 크로마토그래피(normal phase liquid Chromatography)

- 실리카겔이나 알루미나 같이 극성이 큰 고체 표면에 물 같이 극성이 큰 액체 막을 입힌 정지상과 극성이 작은 용액을 이동상으로 사용.

08. 얇은 층 크로마토그래피(thin layer Chromatography, TLC)

- 실리카겔의 얇은 막을 알루미늄이나 플라스틱 판에 입힌 정지상을 사용. 모세관 현상에 의 해 전개제가 TLC판 위쪽으로 전개될 때 시료 분자들도 함께 퍼지게 되고, 시료 분자들이 정지상과 노출된 실리카겔의 실란올기와 이동상 사이에 분배되는 계가 다르기 때문에 전개제가 위쪽으로 올라가면서 시료 분자들이 분리된다.

09. 역상 액체 크로마토그래피(reversed-phase liquid Chromatography)

- 정지상으로는 무극성의 옥타데실기(−C18H37, 흔히 "C-18기" 라고 함)처럼 긴 탄화수소 사슬이 공유 결합으로 결합된 막을 입힌 작은 입자를 사용한다. 이동상은 물과 유기용매를 섞어서 극성을 조절한 혼합용액을 사용한다.

기구 및 시약 TOOL & REAGENT

TLC Chamber	모세관	TLC판	UV Detector
전개제 −	전개용매1 (n-Butanol: EtOH : Ammonia water = 3 : 1 : 1)		
	전개용매2 (n-Butanol: Acetic acid : 증류수 = 4 : 1 : 2)		

1. Methyl Red(MR): w.t = 269.30 m.p = 181 − 182 물에 녹지 않고 alcohol이나 acetic acid에 녹는다. Indicator로 pH4.4에서 red, pH6.2에서 yellow
2. Methyl Orange(MO): w.t = 329.34, Indicator로 pH3.1에서 red, pH4.4에서 yellow.

COOH
N=N
N
CH_3
CH_3

$C_{15}H_{15}N_3O_2$
Exact Mass: 269.12
Mol. Wt.: 269.30
C, 66.90; H, 5.61; N, 15.60; O, 11.88

3. Bromothymol blue(BTB): w.t = 624.38, Indicator로 pH6.0에서 yellow, pH7.6에서 blue.

$^{+}Na\ ^{-}O_3S$ N=N N CH_3 CH_3

4. Aspirin: w.t = 180.16, d = 1.40 m.p = 135

$C_{27}H_{28}Br_2O_5S$
Exact Mass: 622.00
Mol. Wt.: 624.38
C, 51.94; H, 4.52; Br, 25.59; O, 12.81; S, 5.14

Ethanol, n-Buthanol, Ammonia Water, Acetic acid, Acetone, 증류수

Asprin
$C_9H_8O_4$
Exact Mass: 180.04
Mol. Wt.: 180.16
C, 60.00; H, 4.48; O, 35.52

실험방법 PROCESS

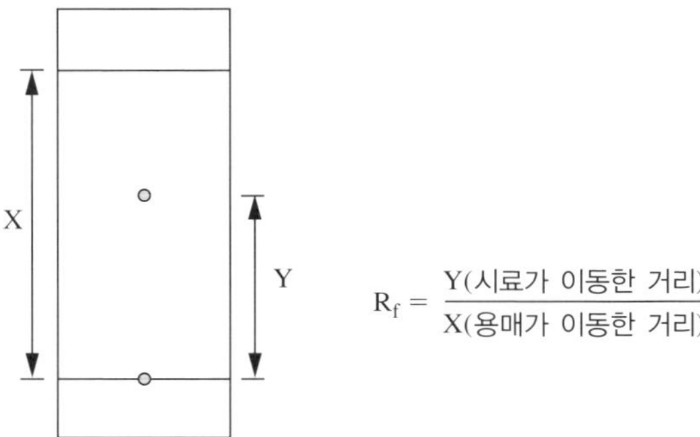

$$R_f = \frac{Y(\text{시료가 이동한 거리})}{X(\text{용매가 이동한 거리})}$$

1 시료의 제조

01. Methyl Red, Methyl Orange, Bromothymol Blue를 각각 소량(1~2 mg) 취하여 EtOH와 물의 1 : 1 혼합물 3 mL에 녹인다.

02. Aspirin을 0.1M 농도로 acetone에 용해시킨다.

2 전개 용매 제조

01. 전개용매1 (n-Butanol : EtOH : Ammonia water = 3 : 1 : 1)

02. 전개용매2 (n-Butanol : Acetic acid : 증류수 = 4 : 1 : 2)

3 크로마토그래피

01. TLC판의 밑에서 1cm 정도 위치에 연필로 선을 긋고 모세관을 이용하여 시료를 각각 한 방울씩 점적한다.

02. TLC Chamber 에 점적한 TLC를 넣고 전개용매 1로 전개시킨다. 이때 전개용매의 깊이는 1cm 이하 이어야 하며, 이때 뚜껑을 꼭 덮는다.

03. 전개용매가 위쪽에 거의 도달하였을 때 꺼내어 연필로 표시한 후 꺼내어 말린다.

04. 각 물질의 R_f 값을 계산하여 비교한다. 이때 아스피린은 UV Detector를 이용하여 R_f 값을 계산하여 비교한다.

05. 전개용매 2로도 위와 같은 실험을 한다.

06. 미지시료를 전개시킨 후 어떤 지시약으로 구성되어 있는지 알아본다.

실험 13 크로마토그래피

실험일자 :

실 험 자 : 학번 학과 조 이름

1. 실험목적

2. 기구

3. 실험방법

4. 결과 및 고찰

실험_14

식물에 포함된 금속원소 분석

목 적 PURPOSE

식물체에 여러 가지 금속원소가 포함되어 있는 것에 신경쓴다.

원 리 PRINCIPLE

$Fe^{3+} + K_4[Fe(CN)_6] \rightarrow Fe_4[Fe(CN)_6]$ blue 침전

$Al^{3+} + OH^- \rightarrow Al(OH)_3$

$Ca^{2+} + Na_2CO_3 \rightarrow CaCO_3$ 흰색 침전

기구 및 시약 TOOL & REAGENT

낙엽 5 g　　순수 50 mL　　염산(3M) 5 mL

초산(3M) 5 mL　　염화암모늄 1 g

수산화나트륨수용액(3M) 5 mL

탄산나트륨수용액(5%) 1 mL

Ph.Ph. (1%)

아우린트리카르본산암모늄(아르미논) 수용액(1%)

황혈염수용액 1%　　시험관

실험방법 PROCESS

1. 낙엽을 1장씩 핀셋트로 접는다. bath 위에서 불로 태워 재로 만든다.
2. 30 mL의 증류수를 재에 가하여 끓인 후 여과한다.
3. 나머지 여액을 증발접시에 옮기고, 1 mL 이하까지 농축하여, 염산 1~2방울을 가하여 불꽃반응을 관찰한다.
4. 물에 녹지 않은 재의 잔사를 비이커에 옮기고, 증류수 10 mL와 염산 5 mL을 가하면 이산화탄소의 거품이 발생한다. 약 5분간 끓인 후 여과한다.
5. 여액에 Ph.Ph.(페놀프탈레인) 용액 1방울을 가하고, 액이 진한 적색이 될 때까지 NaOH 수용액 5 mL를 가하여 여과한다. 여과지 위에는 적갈색의 침전이 남는다.
6. 이 침전을 물로 씻어 준 다음. 여과지 위로부터 염산을 가하여 녹인다. 이 액에 황혈염 수용액을 1방울 가하면 청색이 되고, 철(III) 이온의 존재가 확인된다.
7. 5.의 여액에 염화암모늄을 약수저(소) 1스푼과 Ph.Ph.용액 1방울을 가하여 용액의 색이 미적색이 될 때까지 염산을 가하면 액은 백탁이 된다. 이것을 끓이면 수산화알루미늄의 침전이 분명해 진다.
8. 여과해서 침전을 제거하고, 여액에 탄산나트륨수용액을 몇 방울 가하면 액은 백탁으로 칼슘이 확인된다.
9. 8.의 여과지로부터 초산(Acetic acid)을 적가하고, 그 여액에 아르미논 수용액 1방울을 가하면 액은 적색이 되고, 드디어 적색의 침전을 만든다.

실험 14 식물에 포함된 금속원소 분석

실험일자 :

실 험 자 : 학번 학과 조 이름

1. 실험목적

2. 기구

3. 실험방법

4. 결과 및 고찰

실험_15 물의 정제와 수질검사

목 적 PURPOSE

물은 생물체의 생명을 유지시키는 필수 성분으로서 최소한의 양이 충족되지 않으면 생명에 위험을 초래하기도 한다. 직접 물을 정제하는 방법과 음료수에 수질검사를 통하여 마실 수 있는 물을 구별할 수 있게 한다.

원 리 PRINCIPLE

물 속에는 미세한 진흙입자와 금속이온 및 음이온, 유기물, 바이러스, 박테리아 등의 불순물이 존재할 수 있는데, 이들의 정제방법은 사용 용도, 정제 대상물질, 효율, 정제비등을 고려하여 선택하여야 한다.

천연수에는 유기물과 많은 무기이온들이 녹아 있다. 깨끗한 물이란 인체에 유해한 중금속, 음이온, 유기물질, 세균, 방사선 물질 등이 없는 것을 말하는 것이며, 건강에 유익한 물이란 인체에 유익한 성분이 적당량 함유되어 있어야 한다는 것으로 여기서는 무기원소들의 역할이 매우 중요하게 된다. 특히 칼슘염과 마그네슘염을 많이 함유하는 물을 센물이라고 한다. 센물의 정도는 경도(hardness)로 나타내며 경도 1이란 1ppm을 말한다.

표 15-1 좋은 물의 조건

항 목	범 위
경 도	10~100 ppm
전체용존고체(TDS)	30~200 ppm
유리 이산화탄소	3~30 ppm
잔 류 염 소	0.4 ppm 이하
온 도	20℃ 이하
$KMnO_4$소비량	3 ppm 이하

표 15-2 물의 정제방법

정제방법	원 리	특 징
증 류 법	증 류	유지비가 많이 든다.
역삼투법 (RO)	가압 역삼투막	95% 이상 제거 기능 보유, 에너지 절약형
이온교환법 (I.E)	이온교환수지	미생물, 유기물, 미립자 제거 기능 미흡
흡 착	활성탄흡착	미생물, 중금속의 제거기능이 없다
전기투석 (E.D)	막	염 제거에 이용
U V	254 nm UV	살균기능
전기영동	선택성막 (양, 음이온)	–

기구 및 시약 TOOL & REAGENT

저울	시험관	플라스크	비이커	가열장치
삼각플라스크	뷰렛	피펫	거름종이	진흙
NH_4OH	$KMnO_4$	Nessler 시약	묽은 황산	KI용액
$AgNO_3$	E.B.T	E.D.T.A-2Na	$C\varepsilon CO_3$	$CaCl_2$
NH_4Cl	완충용액(pH = 10.0)	백반용액		

실험방법 PROCESS

1 물의 정제

비이커에 물을 담고 고운 진흙을 약간 풀어서 흙탕물을 만든 다음 여과로 거른다. 흙탕물 일부를 시험관에 취하여 백반용액(약 2 g의 백반을 더운물 30 mL에 녹인 것)을 가한 다음 암모니아수를 가하여 알칼리성이 되도록 한다. 이용액을 여과하여 처음 거른 용액과의 차이를 관찰 한다. 그림 15-1과 같이 증류 장치를 꾸미고, 증류 프라스크에 약 $\frac{1}{2}$가량 물을 채우고 묽은 황산 용액을 소량씩 가하여 산성 용액을 만든 다음 $KMnO_4$ 결정을 가하여 용해시킨다. 끓임쪽(비등석: boiling chip)을 넣고 증류한다.

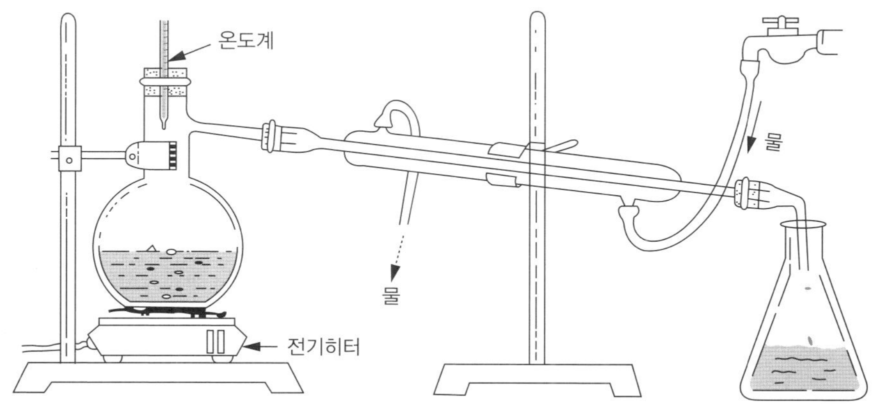

그림 15-1 물의 증류 장치

2 수질검사

01. 육안검사

- 깨끗한 200 mL 비이커에 100 mL의 취하여 다음과 같은 수질 검사를 한다.
- 색도, 탁도, 맛, 냄새 등을 검사한다.
- pH 시험지를 이용하여 pH를 측정한다.

02. 아질산이온의 검출

검사하려는 물 50 mL에 요오드화 칼륨전분용액 1 mL와 묽은 황산용액 1 mL를 가하여 잘 섞어 5분 이내에 푸른색이 되면 아질산이온이 유해량 포함되어 있다는 증거이다.

03. 암모니아의 검출

검사하려는 물 10 mL에 Nessler 시약 몇 방울을 가하였을 때 용액의 색이 담황색~적갈색으로 변하면 암모니아가 유해량 함유된 증거이다.

04. 유기물의 검출

검사하려는 물 100 mL에 묽은 황산을 소량가하여 산성화한 후 0.1% $KMnO_4$ 1 mL를 가하여 천천히 가열한다. 5분 이내에 붉은 색이 없어지면 유기물이 유해량 이상 함유된 증거이다.

05. Cl 이온의 검출

검사하려는 물 10 mL에 $AgNO_3$ 용액 몇 방울을 가한 후 물이 흰색 침전이 얼마나 생기는지 관찰 해본다.

06. 센물의 경도 측정

검사하려는 물 50 mL(a)를 삼각플라스크에 넣고 완충용액(NH_4OH–NH_4Cl pH = 10.0)을 1 mL와 E.B.T 2~3방울을 넣었을 때 색깔을 관찰해 본다. 붉은색이 되면 미리 만들어 놓은 0.01M EDTA용액으로 청색이 될 때까지 적정하여 소비량을 기록한 후 계산하라.

$$경도(Hardness) = 1000 \times b/a \ ppm(CaCO_3)$$

· 물의 총 경도 계산

$$EDTA \equiv Ca^{2+} \equiv Mg^{2+} \equiv CaCO_3$$

$$1M\ EDTA용액\ 1000\ mL \equiv 100.0g\ CaCO_3$$

◆ **EDTA용액**

: EDTA-2Na 3.722 g을 비이커에 정확히 측량한 후, 증류수 900 mL에 녹인 후, 1L를 정확하게 맞춘다(이 용액 1 mL가 1 mg의 $CaCO_3$에 해당).

Nessler 시약 (Potassium mercuric iodide)

: 115 g의 HgI_2와 80 g의 KI를 충분한 양의 물에 녹여 총 부피가 500 mL가 되게 한 다음 6M NaOH 용액 500 mL를 천천히 가하여 섞는다. 상층액을 검은 시약병에 부어 건조한 어두운 곳에서 보관한다.

EDTA(Ethylene diamine tetra acetic acid) 구조

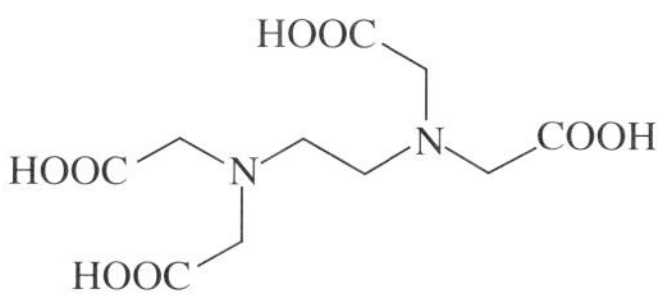

HOOC, HOOC, N, N, COOH, HOOC

EDTA

◆ **염화암모늄-암모니아 완충용액(pH10)의 조제**

NH_4Cl 약 6.75 g과 암모니아수 57 mL를 넣고 증류수를 가하여 전체양이 100 mL가 되도록 한 다음 pH를 측정한다.

실험 15 물의 정제와 수질검사

실험일자 :

실 험 자 : 학번 학과 조 이름

1. 실험목적

2. 기구

3. 실험방법

4. 결과 및 고찰

01. 주위에 있는 여러 가지 물(수돗물, 우물물 등)의 경도를 측정하고 음료수로 적당한지 판단하여라.

02. 실험한 물의 결과를 나타내고 음용수로 적당한지 판단하여라.

03. 암모니아 검출의 화학식을 써라.

04. 물의 경도를 EDTA로 적정시의 화학 반응식을 써라.

실험_ 16

화학정원

목 적 PURPOSE

불용성 규산염을 만들고, 농도 차이에 따른 결정 형성 과정을 관찰한다.

원 리 PRINCIPLE

다양한 색깔의 여러 결정들을 비이커에 있는 규산나트륨 용액에 넣으면, 몇 초 후에 커다란 나무 같은 성장물이 결정으로부터 뻗어 오르게 된다. 이것은 삼투압과 관계가 있으며, 불용성 반투막의 형성에 대한 아주 좋은 예가 된다.

$$M(aq) + Na_2SiO_3(aq) \longrightarrow xMO \cdot ySiO_2(s) + Na_2X(aq)$$

- 금속염이 규산용액에 가해졌을 때 불용성의 규산염을 만든다.

- 염이 규산나트륨 용액에 가해지면 염 결정은 물에 녹고 규산나트륨과 반응하여 주위에 반투성막을 만든다. 농도가 높은 막의 안쪽으로 물이 막을 통하여 들어가 진한 용액을 묽게 한다. 즉, 삼투되어 들어간다. 삼투압이 커서 막이 터지면 염이 또 규산나트륨과 반응하여 반투과성 막을 형성하고, 막이 형성되는대로 반복되며, 정원의 결정 나무가 위로 자라나게 된다.

주의사항

☞ 보안경을 쓰고, 일회용 장갑을 끼고 실험해야 한다.

기구 및 시약 TOOL & REAGENT

비이커	Na_2SiO_3(1 : 4로 묽힌 용액)	$CoCl_2$
$CuSO_4Cr_2O_3Mn(NO_3)_2$	$Zn(NO_3)_2$	$FeCl_3$

실험방법

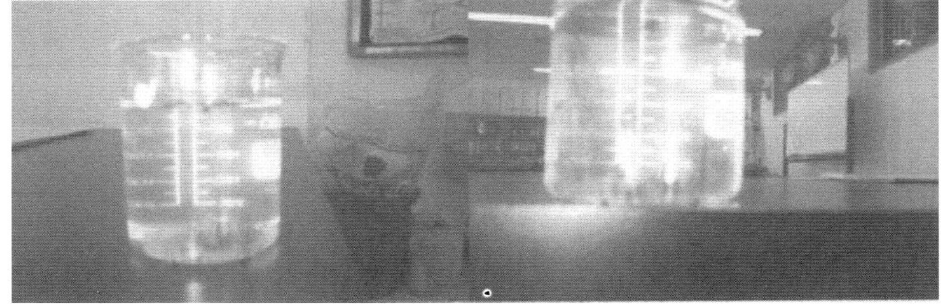

그림 16-1 규산나트륨 용액에 넣은 여러 결정들의 모습

PROCESS

1. 비이커에 규산나트륨 용액을 1/3 정도 적당하게 채운다.
2. 준비된 결정들을 떨어뜨려서 결정의 성장과 색변화를 관찰한다.
3. 결정이 성장되는 것을 관찰한 후 카메라로 찍어서 결정 모양을 확인한다.

실험 16 화학정원

실험일자 :

실 험 자 : 학번 학과 조 이름

1. 실험목적

2. 기구

3. 실험방법

4. 결과 및 고찰

01. 왜 결정 나무가 위로만 자랄까?

02. 어떻게 삼투현상이 나타나게 되는가?

03. 성장은 언제까지 지속되는가?

실험 _ 17

알코올의 증류

목 적 PURPOSE

불순물을 포함한 알코올을 증류하여 순수하게 분리한다.

원 리 PRINCIPLE

물은 분별증류에 의해 두 가지 순수한 물질로 분리될 수 없고 단지 하나의 순수한 물질과 불변 끓음 혼합물의 조성을 가지는 혼합물로만 분리된다.

ex) 물 + 에탄올 → 78.15°C. 에탄올과 물의 (50% : 50%) 혼합물을 증류하면 순수한 물과 95.6%의 에탄올을 함유하는 불변 끓음 혼합물로 분리할 수 있으며, 남은 4.4%의 물을 증류로서 순수한 에탄올을 얻는 것은 불가능하다.

- 단순 증류(그림 14-1 참고)
  플라스크에서 기화된 액체를 냉각기에서 액화시켜 분리하는 방법
- 증류
  액체를 끓을 때까지 가열하고, 증기를 냉각하여 다시 액체로 만드는 것
- 정제
  어떠한 물질을 다시 가공하여 더 좋고 순도 높은 것으로 만드는 것
- 불변 끓음 혼합물(Azeotrope)
  두 종류의 액체가 마치 한 가지 성분의 액체처럼 행동하여 일정한 단일 온도에서 끓으며, 용액과 증기가 같은 조성을 갖는다.

기구 및 시약 TOOL & REAGENT

가지 달린 삼각플라스크(250 mL)	파스퇴르 피펫	비이커(1000 mL, 500 mL)
가열기	눈금 실린더(10 mL)	클램프
온도계시험관	얼음	고무관
색깔이 짙은 불순물을 포함한 에탄올($Cu(NO_3)_2$와 $Co(NO_3)_2$를 에탄올에 녹임)		

실험방법 PROCESS

1. 250 mL 가지 달린 증류플라스크를 그림과 같이 준비한다.
2. 1번의 증류플라스크에 불순물을 포함한 에탄올을 10 mL 넣는다.
3. 효과적인 액화를 위하여 비이커에 얼음을 넣어준다.
4. 증류될 때의 온도를 적고, 증류플라스크 안의 용액이 10 mL 정도 남았을 때 불을 끈다.
5. 증류 전 알코올의 양을 메스실린더에 넣어 측정한다.

주의사항

☞ Hot plate의 뜨거운 부분에 전선이 닿지 않도록 주의 요망.

☞ Hot plate나 뜨거운 물에 의한 화상 주의.

☞ 실험이 끝난 후 에탄올 회수.

☞ 실험에 사용하는 얼음은 4층 제빙기 이용.

실험 17 알코올의 증류

실험일자 :

실 험 자 : 학번 학과 조 이름

1. 실험목적

2. 기구

3. 실험방법

4. 결과 및 고찰

실험 _ 18

알코올의 정량분석

목 적 PURPOSE

크로뮴산(CrO_3)이 알코올에 의하여 청록색의 불투명한 크로뮴으로 환원되는 반응을 이용하여 알코올의 농도를 알아낸다.

원 리 PRINCIPLE

에탄올과 같은 알코올은 크로뮴산에 의해서 쉽게 산화되어서 카복실산이 되면서 환원 상태의 크로뮴(III)이 생성된다. 탁한 청록색을 내는 환원 상태의 크로뮴(III)이 혼합된 용액의 흡광도는 비어(Beer)의 법칙을 따르기 때문에 용액 속에 들어있는 크로뮴(III)의 농도는 흡광도를 측정해서 알아 낼 수 있으며, 크로뮴의 양으로부터 용액에 들어있던 알코올의 농도도 계산할 수 있다.

시료의 흡광도를 이용하는 분광 분석에서는 원하는 화합물만이 선택적으로 흡수하는 빛의 파장을 이용해야 한다. 따라서 이 실험에서는 알코올이나 크로뮴산을 흡수하지 않고 환원된 크로뮴산 만이 흡수하는 빛의 파장을 선택해야 한다. 크로뮴산 용액과 크로뮴 산과 알코올을 혼합한 용액의 흡수 스펙트럼은 (그림 18-1)과 같다.

그림 18-1에서 보면 크로뮴산 용액은 파장이 550 nm보다 짧은 빛을 많이 흡수하지만. 파장이 600 nm보다 긴 빛은 흡수하지 않는다는 것을 알 수 있다. 이와는 달리 알코올을 넣어준 용액의 경우에는 600 nm 부근의 빛을 상당히 잘 흡수

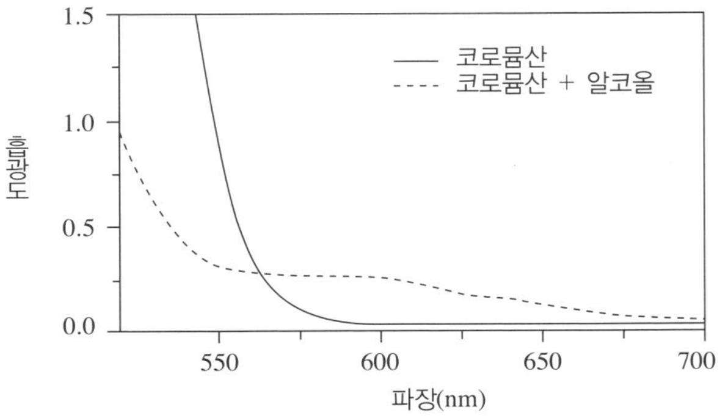

그림 18-1 크로뮴산과 크로뮴 화합물 용액의 흡수 스펙트럼

하고, 파장이 길어지면 흡광도가 감소한다. 따라서, 파장이 600 nm인 빛을 사용하면 알코올에 의해서 환원된 청록색의 크로뮴(III)만에 의한 흡광도를 측정할 수 있다.

기구 및 시약 TOOL & REAGENT

삼각플라스크(50 mL)	1.0M 크로뮴산(CrO_3)	수용액
피펫(10 mL)	2%, 6%, 10%, 14%, 18%	에탄올 수용액
일회용 주사기(3 mL)	분광광도계	큐벳 시험관 5개

실험방법 PROCESS

1 비어(Beer)의 법칙 곡선

01. 조교가 준비한 2%, 6%, 10%, 14%, 18% 에탄올 수용액 1.0 mL씩을 50 mL 삼각플라스크에 옮긴다.

02. 각각의 삼각플라스크에 10.0 mL의 크로뮴산을 넣고 15분간 잘 흔들어서 섞어준다.

(sample을 2분 간격으로 만든다.)

03. 피펫으로 삼각플라스크의 용액 0.5 mL를 덜어서 깨끗한 삼각플라스크에 놓

고 전체부피가 10 mL가 되도록 증류수로 묽힌다(주사기를 이용한다).

04. 분광기를 이용해서 600 nm에서의 투과도를 측정한다. 먼저 0.5 mL 크로뮴산을 10 mL로 묽힌 바탕용액을 사용해서 600 nm에서의 투과도가 100%가 되도록 분광기를 조절한 후에 사용한다.

2 알코올의 정량분석

01. 조교에게 받은 두 종류의 알코올 용액을 각각 1.0 mL씩 취해서 50 mL 삼각플라스크에 넣는다.

02. 10.0 mL 크로뮴산을 넣은 후 15분간 잘 흔들어서 섞어준다.

03. 피펫으로 삼각플라스크의 용액 0.5 mL를 덜어서 깨끗한 삼각플라스크에 넣고 전체 부피가 20 mL가 되도록 증류수로 묽힌다.

04. 실험 A에서와 같은 바탕용액을 사용해서 600 nm에서의 투과도를 측정한다.

05. 에탄올 용액의 농도를 X축으로 해서 그래프를 그린다.

실험 18 알코올의 정량분석

실험일자 :

실 험 자 : 학번 학과 조 이름

1. 실험목적

2. 기구

3. 실험방법

4. 결과 및 고찰

01. Beer 법칙곡선을 그려라.

02. 알코올 농도 그래프를 그려라.

실험_19

지시약의 작용원리

목 적 PURPOSE

산염기 지시약 용액의 pH를 변화시키면서 흡광도를 측정하여 지시약의 이온화 상수와 변색범위를 알아본다.

원 리 PRINCIPLE

$$\mathrm{HInd} \leftrightarrow \mathrm{Ind}^- + \mathrm{H}^+$$

지시약의 해리반응에 대한 평형상수

$$\mathrm{K_{Ind}} = \log\frac{[\mathrm{Ind}^-][\mathrm{H}^+]}{[\mathrm{HInd}]}$$

이를 정리하면

$$\log\mathrm{K_{Ind}} = \log\frac{[\mathrm{Ind}^-][\mathrm{H}^+]}{[\mathrm{HInd}]}$$

$$\log\mathrm{K_{Ind}} = \log[\mathrm{Ind}^-] + \log[\mathrm{H}^+] - \log[\mathrm{HInd}]$$

$$-\log\mathrm{H}^+ = \log[\mathrm{Ind}^-] - \log\mathrm{K_{Ind}} - \log[\mathrm{HInd}]$$

$$\mathrm{pH} = -\log\mathrm{K_{Ind}} + \log[\mathrm{Ind}^-] - \log[\mathrm{HInd}]$$

$$\mathrm{pH} = \mathrm{p[K_{Ind}]} + \log\frac{[\mathrm{Ind}^-]}{[\mathrm{HInd}]}$$

아래와 같은 식을 얻을 수 있다.

$$\mathrm{pH} = \mathrm{pK_a} + \log\frac{[\mathrm{A}^-]}{[\mathrm{HA}]}$$

기구 및 시약 TOOL & REAGENT

0.05%BPB ----- 3′,3′′,5′,5′′-tetrabromophenolsulfonephthalein

FW: 669.98 mp: 2738C pH: 3.0(yellow) to pH 4.6(blue)

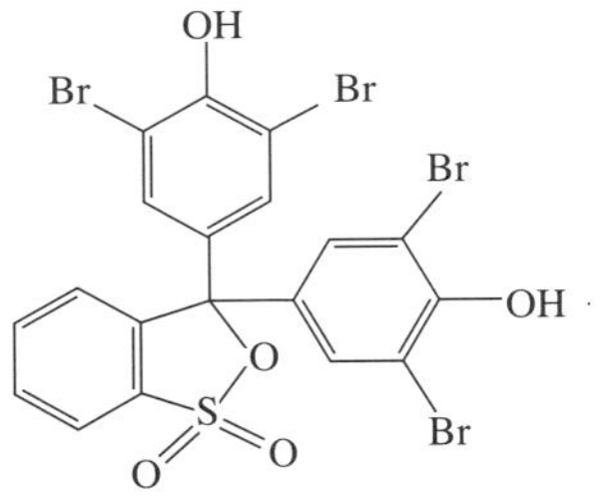

Spectronic20, 진한 암모니아, 진한 염산, 부피플라스크 25 mL

실험방법 PROCESS

1 A 지시약의 스펙트럼

01. 증류수10 mL + BPB 3drop + HCl 3drop을 준비한다.

02. Spectronic20를 이용하여 375~650 nm 영역에서 25 nm 간격으로 흡광도를 측정한다.

03. 증류수10 mL + BPB 3drop + 암모니아 3drop를 준비한다.

04. Spectronic20를 이용하여 375~650 nm 영역에서 25 nm 간격으로 흡광도를 측정한다.

2 B 농도에 따른 흡광도 측정

01. HInd의 흡광도가 최대이면서 Ind^-의 흡광도는 무시할 수 있을 정도로 작은 파장을 선택하여 분광광도계의 파장을 고친다.

02. BPB 10 mL를 흡광도가 0.9~1이 될 때까지 염산용액(염산:물 = 1 : 8)으로 묽히고 그때의 농도를 기록한다.

03. BPB 20 mL과 염산용액 5 mL을 혼합하여 흡광도를 측정한다.

04. 3번 용액 20 mL에 염산용액 5 mL를 혼합하여 다시 흡광도 측정한다.

05. 4번의 과정을 두 번 더 반복한다.

실험 19 지시약의 작용원리

실험일자 :

실 험 자 : 학번 학과 조 이름

1. 실험목적

2. 기구

3. 실험방법

4. 결과 및 고찰

실험_20

산-염기 적정

목 적 PURPOSE

어떤 산이나 염기의 농도를 산-염기 적정을 통하여 지시약의 변화를 관찰하며 산-염기 적정법을 습득한다.

원 리 PRINCIPLE

	산	염기
Arrhenius	물 속에서 H^+를 내놓는 물질	물 속에서 OH^-를 내놓는 물질
Brönsted-Lowry	H^+를 내놓는 물질	H^+를 받아들이는 물질
Lewis	전자쌍을 받아들이는 물질	전자쌍을 제공하는 물질

ex) 산: CH_3COOH, HCl, H_2SO_4, H_3PO_4
염기: NaOH, KOH, NH_4

주기율표에서 알칼리족과 알칼리 토금속에 속하는 원소의 수소화물들이 주로 염기에 해당하기 때문에 염기를 "알칼리"라고 부르기도 하지만, NH_3처럼 알칼리족 원소의 화합물이 아니면서도 염기성을 나타내는 화합물도 많기 때문에 "알칼리"보다는 "염기"라고 부르는 것이 더 일반적인 의미를 갖는다.

- 중화반응: 산과 염기가 함께 혼합되면 H_2O와 염이 생성되는 "중화반응"이 일어난다.

ex) $HCl + NaOH \rightleftharpoons NaCl + H_2O$

$CH_3COOH + NaOH \rightleftharpoons CH_3COONa + H_2O$

- 당량점(equivalent point): 적정시 분석물질과 정확하게 화학량론적으로 반응하는데 꼭 필요한, 가해준 적정액의 양이 되는 점, 이론적인 값
- 종말점(end point): 실제로 측정한 실험치
- 표준용액(standard solution): 농도를 정확하게 알고 있는 용액
- 지시약 : 지시약은 수용액의 pH에 따라서 색이 변하는 특징을 갖는다.

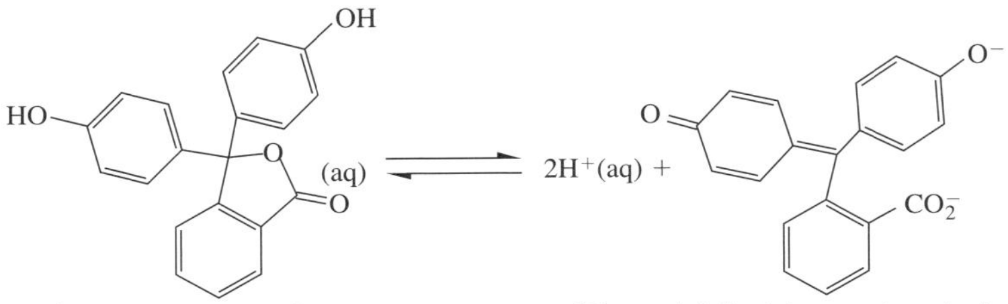

OH HO O (aq) O ⇌ $2H^+(aq)$ + O O^- CO_2^-

(Phenolphthalein) (Phenolphthalein conjugate base)

기구 및 시약 TOOL & REAGENT

100 mL 삼각플라스크	식용식초	25 mL 뷰렛 스텐드와 클램프
0.5M NaOH	표준용액 0.5 M	HCl
페놀프탈레인 지시약		

실험방법 PROCESS

1 대략적인 0.2M NaOH 용액의 조제

깨끗한 500 mL Florence 플라스크와 마개를 준비한다. 약간의 증류수로 플라스크를 헹군다. 6M NaOH 용액 약 17 mL를 취하여 플라스크에 넣는다.

주의사항

☞ NaOH 용액은 화상을 입을 수 있으므로 엎지르지 않도록 주의한다. 만약, 엎질렀다면 즉시 실험조교에게 알려야 한다.

용액의 수평선이 플라스크 목부분 바로 아래에 오도록 증류수로 플라스크를 채운다. 플라스크의 마개를 조심스럽게 막고 흔들어서 용액을 섞는다.

2 NaOH 용액의 표준화(standardization)

두 개의 뷰렛을 깨끗이 헹군 다음, 앞에서 설명한 방법에 의해서 하나의 뷰렛에 NaOH 용액을 채운다. 깨끗이 건조시킨 비이커에 약 100 mL의 HCl 표준용액을 준비한다. 이 용액을 사용하여 두 번째 뷰렛을 헹구고 뷰렛을 가득 채운다. 또다시 뷰렛을 채우기 위해 여분의 용액은 남겨둔다. 각각의 뷰렛은 0.00 mL 눈금 바로 아래에 용액의 메니스커스를 맞춘다. 각 뷰렛에 대한 처음 부피를 읽고 기록해둔다.

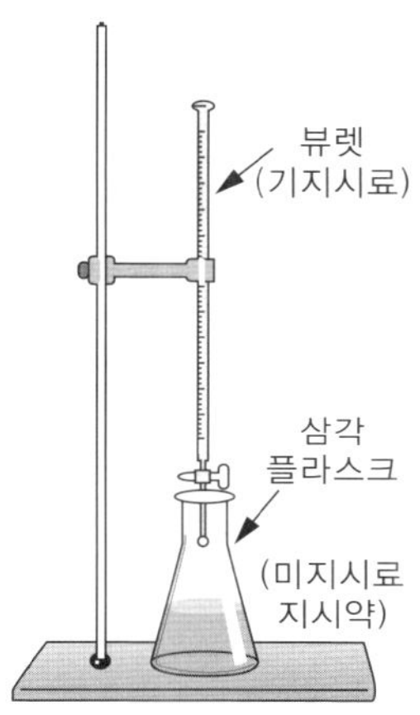

깨끗한 250 mL 플라스크(건조된 것이 아니어도 된다.)에 약 25 mL의 산을 흘려보낸다. 페놀프탈레인 지시약 3방울을 첨가하고 약 10 mL의 증류수로 플라스크의 양면을 깨끗이 씻어낸다. 다음에 종말점에 도달될 때까지 NaOH 용액으로 산용액을 적정한다. 이때 염기용액이 산용액에 들어가는 부분에서는 경미한 분홍색을 띠는 것을 감지할 수 있을 것이다. 종말점에 도달했을 때는 순간적으로 용액 전체가 분홍색으로 변화한다.

이러한 변화가 일어났을 때 염기의 첨가 속도를 줄이고 조심스럽게 종말점에 도달하도록 한다. 플라스크에 있는 용액이 매우 밝은 분홍색으로 변하고, 30초나 그 이상의 시간 동안 분홍색이 남아 있을 때, 종말점에 도달한 것이다. 만약, 종말점을 지났다면, 다시 한번 용액이 무색이 되게 하기 위해 뷰렛으로 약간의 산을 떨어뜨리는 역적정(back titration)을 해야 할 것이다 그런 다음 조심스럽게 염기를 첨가하면서 종말점에 도달시킨다. 같은 적정을 반복해서 실시한다.

여기서 NaOH 용액의 몰농도는 다음과 같이 구할 수 있다.

$$H_3O^+(aq) + OH^-(aq) \rightarrow 2H_2O$$

이므로 먼저 사용된 H_3O^+의 몰수를 계산하고 반응한 OH^-의 몰수를 계산한다.

3 식초에 포함된 아세트산의 분석

물을 흘려보내서 뷰렛의 산을 씻고 30 mL의 증류수로 헹군다. 분석하려는 식초 약 75 mL를 준비한다. 약간의 식초 용액으로 뷰렛을 헹구고 뷰렛에 식초용액을 가득 채운다. 다른 뷰렛에는 표준 NaOH 용액을 채운다. 각 뷰렛의 처음 부피를 읽고 기록한다. 깨끗한(건조되지 않은 것도 된다.) 250 mL 플라스크에 식초 용액을 5~10 mL 정도 흘려보낸다. 약 20 mL의 증류수로 플라스크의 양면을 씻어낸다. 페놀프탈레인 지시약 3방울을 떨어뜨리고 종말점에 가까워질 때까지 염기 용액으로 적정한다. 종말점에 대한 것은 실험절차 2를 참조한다. 두 번 이상 식초에 대한 적정을 반복한다. 관련된 산-염기 반응은

$$HC_2H_3O_2(aq) + OH^-(aq) \longrightarrow H_2O + C_2H_3O_2^-(aq)$$

으로, 먼저 사용된 OH^-의 몰수를 계산하고, 반응한 아세트산의 몰수를 계산하여 이를 식초의 부피로 나누면 이 식초에 포함된 아세트산의 몰농도를 계산할 수 있다. 평균 몰농도를 계산하라.

4 식초 중의 아세트산 질량 퍼센트

식초의 밀도를 1.000 g/mL로 가정하면 식초에 있는 아세트산의 질량 퍼센트를 계산하는 것이 가능하다. 이것은 다음의 연속적인 계산으로 구할 수 있다.

$$\left(\frac{\text{moles AA}}{\text{1l vinegar}}\right) \longrightarrow \left(\frac{\text{moles AA}}{\text{1 mL vinegar}}\right) \longrightarrow \left(\frac{\text{moles AA}}{\text{1 g vinegar}}\right) \longrightarrow \left(\frac{\text{gAA}}{\text{g vinegar}}\right) \longrightarrow \%\text{AA}$$

식초 내에 있는 초산의 물농도에 대한 실험값을 이용하여 식초 내의 아세트산 질량 퍼센트로 계산한다.

실험 20 산-염기 적정

실험일자 :

실 험 자 : 학번 학과 조 이름

1. 실험목적

2. 기구

3. 실험방법

4. 결과 및 고찰

01. NaOH 용액의 표준화

(A) 적정에 소요된 NaOH 용액의 부피

(B) HCl 표준용액의 부피

(C) HCl 표준용액의 몰농도

(D) NaOH 용액의 계산된 몰농도

(E) NaOH 용액의 평균 몰농도

02. 식초에 포함된 아세트산의 분석

(F) 적정에 소요된 NaOH 용액의 부피

(G) 식초의 부피

(H) NaOH 용액의 몰농도

(I) 식초 중의 아세트산의 몰농도

(J) 식초중의 아세트산의 평균 몰농도

03. 식초 중의 아세트산 질량 퍼센트 __________%

실험 _ 21

어는점 내림에 의한 분자량 측정

목 적 PURPOSE

어는점 내림을 이용하여 용질의 분자량을 측정하는 방법을 배운다.

원 리 PRINCIPLE

물질이 액체 용매에 녹았을 경우 어는점은 순수 용매보다 내려간다. 이러한 현상을 “빙점강하”라고 하며 용질의 종류에 무관한 물성이다. 이 물성의 양에 의존하는 성질로 용매에 녹아 있는 용질의 몰수에 대해 대략 직선적인 변화를 나타낸다. 그러므로 알려진 질량의 물질을 용매에 녹여 어는점 내림을 측정함으로써 분자량을 측정할 수 있다.

$$\Delta T_f = k_f \cdot m \tag{1}$$

ΔT_f : 순수용매와 용액의 어는점 차이

k_f: 몰랄 어는점 내림상수

m: 몰랄 농도

$$m = \frac{w}{MW} \times 1000 \tag{2}$$

m: 용질의 분자량

w: 용질의 질량

W: 용매의 질량

$$\Delta T_f = K_f \frac{1000\,w}{MW}$$

$$M = \frac{1000 \cdot w \cdot K_f}{W \cdot \Delta T_f}$$

표 21-1 여러 가지 용매의 몰랄 어는점 내림상수

용매	어는점(°C)	k_f	용매	어는점(°C)	k_f
물	0	1.86	아세트산	16.7	3.9
황산	10.5	6.81	시클로헥산	6.5	20.0
아닐린	−6	5.87	나플탈렌	80.2	6.9
벤조산	122	7.85	페놀	42	7.27
안트라퀴논	285	14.8	벤젠	5.5	5.12
안트라센	217	11.6	니트로벤젠	5.7	6.9

⇒ 어는점 내림: 순수한 용매의 어는점과 용액의 어는점의 차이 ΔT_f를 용액의 어는점 내림(빙점강하)이라 하고 이 값은 용액의 몰랄농도에 비례한다.

기구 및 시약 TOOL & REAGENT

스탠드	삼발이	중탕냄비	Naphthalene
시험관	고무마개	교반철선	미지시료
클램프온도계			

실험방법 PROCESS

1 벤젠의 어는점 측정

깨끗이 씻어 말린 시험관 (a)의 무게를 001 g까지 정확히 달아낸다. 여기에 깨끗한 벤젠 약 10 mL를 넣은 다음 다시 0.01 g까지 정확하게 무게를 단다. 그림 21-1과 같이 젓개 (f)와 온도계 (c)를 시험관 (a)에 끼운 다음 이것을 다른 시험관 (b)에 끼운다. 시험관 (a)속의 온도계는 시험관의 밑바닥으로부터 1 cm정도 떨어지게 장치해야 한다. 이와 같이 결합시킨 것을 얼음과 물의 혼합물이 든 비이커에 고정시킨다.

그 다음 유리젓개와 (d)와 (f)를 상하로 움직여 온도계가 0℃를 가리킬 때까지 냉각한다. 시험관 (a)를 꺼낸 다음 벤젠이 녹아서 실온이 될 때까지 방치한다. 이것을 다시 시험관 (b)에 끼우고 젓개 (d)와 (f)를 상하로 움직이면 온도가 내려가게 된다.

10°C가 되면 초시계나 초침이 있는 보통 시계로 30초 간격으로 8분 동안 내려가는 온도를 기록한다. 이와 같은 순서로 실험을 3회 정도 되풀이하여 각 시간(분)에 대한 평균 온도를 계산하고 이것을 온도 그래프를 그린다. 사용한 시험관 (a)의 벤젠은 다음 실험에 사용하게 되므로 버려서는 안 된다.

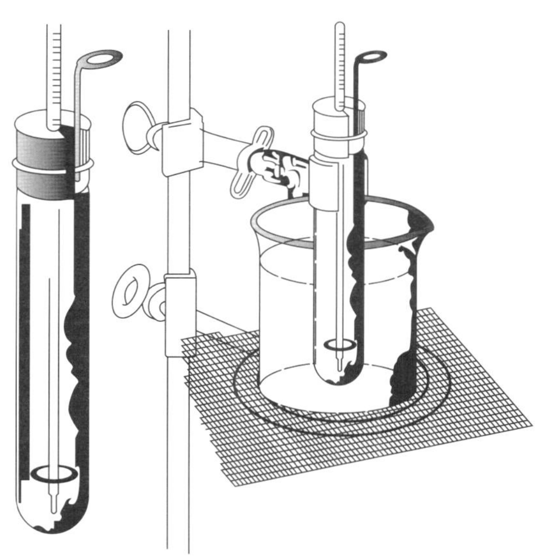

그림 21-1 어는점 내림 측정장치

벤젠의 어는점 측정

01. 잘 마른 깨끗한 시험관의 무게를 재고, 벤젠 약 10 mL를 시험관에 넣어 무게를 잰다.

02. 시험관을 500 mL 비이커 속에 고정시키고, 시험관 속의 온도계는 시험관의 밑바닥부터 1 cm 정도 떨어지게 한다.

03. 얼음과 물을 비이커에 채우고 시험관을 넣는다.

04. 30초간 간격으로 8분간 온도를 읽어 그래프로 기록한다.

나프탈렌-벤젠 용액의 어는점 측정

01. 시험관을 꺼내 벤젠이 녹아서 실온이 될 때까지 방치한다.

02. 약 0.5 g의 나프탈렌을 벤젠이 들어있는 시험관에 넣어 잘 녹인 다음 500 mL 비이커 속에 다시 옮기고, 얼음을 더 넣는다.

03. 나프탈렌-벤젠을 냉각 곡선을 그린다.

실험 21 어는점 내림에 의한 분자량 측정

실험일자 :

실 험 자 : 학번 학과 조 이름

1. 실험목적

2. 기구

3. 실험방법

4. 결과 및 고찰

01 벤젠의 어는점 내림 그래프를 그려라.

02 나프탈렌-벤젠 용액의 어는점 내림 그래프를 그려라.

실험_22

양이온 I 족의 정성분석

목 적 PURPOSE

용액 속에 녹아있는 여러 가지 양이온을 체계적인 분석을 통하여 그 존재를 확인하고, 이들의 침전반응과 평형을 이해한다.

원 리 PRINCIPLE

01. 양이온I에 속하는 것은 Ag^+, Hg^{2+} 및 Pb^{2+} 등인데, 이 이온들이 들어 있는 이온들의 혼합용액에 HCl을 가하여 산성으로 하면 완전히 침전시킬 수 있다. 이 침전을 걸러 내면 다른 이온들과 분리할 수 있는데, 거르기 전에 염산을 적당량 가해야 된다. 염산을 필요 이상으로 너무 많이 가할 경우 AgCl의 침전이 $AgCl_2^-$와 같은 착이온을 형성하면서 녹기 때문에 주의해야 한다.

02. I족 이온의 염화물 중에서 $PbCl_2$는 뜨거운 물에는 잘 녹기 때문에 이 성질을 이용하면 이것을 다른 염화물과 분리할 수 있다. $PbCl_2$를 뜨거운 물로 녹여낸 용액에 K_2CrO_4 용액을 가하면 $CrO4^+$이온과 Pb^{2+}이온이 반응하여 $PbCrO_4$의 노란색 침전이 생성되므로 $Pb2^+$이온을 검출할 수 있다.

03. 다른 두 가지 염화물인 AgCl 및 Hg_2Cl_2의 혼합침전에는 암모니아수를 가하여 이들을 분리할 수 있는데, 이 때 AgCl은 착이온 $Ag(NH_3)_2^+$로 변하여 녹고, Hg_2Cl_2는 암모니아와 반응하여 회색 또는 검은색 침전을 만들기 때문에 Hg_2^{2+}이온의 확인반응으로 이용된다. Hg_2Cl_2는 불균화반응을 하여 일부는 산화되는 동시에 일부는 환원된다. 이 반응에서 생성되는 물질은 염화아미드

수은(II), 즉 $HgNH_2Cl$와 유리의 금속수은이기 때문에 침전은 회색 또는 검게 보인다.

04. $Ag(NH_3)_2^+$착이온이 들어 있는 무색용액에 질산을 가하면 은-암모니아 착이온이 파괴되어 AgCl의 흰색침전이 다시 나타나기 때문에 Ag^+이온을 확인할 수 있다.

기구 및 시약 TOOL & REAGENT

원심분리기	0.1 M $AgNO_3$
원심분리 시험관 6개	0.1 M $Hg(NO_3)_2$
젓게	0.1 M $Pb(NO_3)_2$
드로핑피펫	6 M HCl
스포이드 붙은 지시약병 (50 mL)	1 M $K_2Cr_2O_7$
스포이드 붙은 지시약병 (50 m,갈색)	6 M NH_3
리트머스 시험지	6 M HNO_3
water bath	6 M CH_3COOH
전열기(500 W)	리트머스 시험지
시험관용 솔	

실험방법 PROCESS

1 양이온 I 족의 침전

Ag^+, Hg_2^{2+}, Pb^{2+}질산염의 용액(각각 0.1 M 정도) 1 mL씩을 취하여 1개의 시험관에 넣어 혼합용액을 만든다. 이 혼합용액 1 mL를 원심분리용 시험관에 넣고 6M HCl 2방울을 가하여 잘 저어준 다음 원심분리기에 걸어 침전을 분리한다. 이때에는 같은 양의 물을 넣은 시험관을 원심분리기의 반대쪽에 걸어서 균형을 잡아주어야 한다. 침전반응이 완결되었는가를 확인하기 위해서는 원심분리란 시료용액에 6M HCl 1방울을 가하여 침전이 또 생기면 다시 원심분리기에 걸어야한다. 윗부분의 맑은 용액을 조용히 기울여 따라 내든가 또는 스포이드로 조용히 뽑아내면 침전만을 얻을 수 있다. 만일 따라 낸 용액 중에 다른 족 이온들이 들어 있을 경우에는 다음 단계의 실험을 위하여 잘 보관해두어야 한다.

2 Pb^{2+}이온의 분리 및 확인

우선 I족 이온 이외의 다른 족 이온들을 완전히 제거하기 위하여 침전을 잘 씻어내야 한다. 그러기 위해서는 차가운 증류수 2~3 mL를 침전이 들어 있는 시험관에 넣고 가느다란 유리막대로 잘 저은 다음 원심분리기에 걸어서 씻은 물은 버린다. 이렇게 2~3회 정도 반복하여 씻어내면 다른 족 이온들은 완전히 제거된다.

증류수 1 mL를 침전이 들어있는 시험관에 넣고, 이 시험관을 끓는 물 속에 몇 분 동안 가열한 후 유리막대로 잘 저어준다. 이 뜨거운 용액을 원심분리기에 걸어서 윗부분의 맑은 용액은 빨리 다른 시험관에 따라낸다. 침전은 잘 보관한다. 뜨거운 물로 추출한 용액에 6M 초산 1방울을 가하고, 다시 1M $K_2Cr_2O_7$ 용액 2~3방울을 떨어뜨린다. Pb^{2+}이온이 있으면 $PbCrO_4$의 노란색 침전이 생길 것이다.

3 Hg_2^{2+}의 분리 및 확인

2에서 남은 침전을 뜨거운 물로 다시 한번 씻어서 씻은 액은 버리고 침전에 6M NH_3 용액 10방울을 가하여 잘 저어준다. 이것을 원심분리하여 윗부분의 용액을 다른 시험관에 따라낸다. 이때 회색 또는 검은 침전이 생기면 유리의 금속수은이 생기는 것이므로 Hg_2^{2+}이온의 존재를 알 수 있다.

4 Ag^+의 검출

3에서 얻은 용액에 6M HNO_3를 가하여 산성으로 만들어 리트머스 시험지로 확인한다. 젓개에 용액을 찍어서 리트머스 시험지에 묻혀 보면 된다. 용액을 산성으로 만들었을 때 흰 침전이 생기면 Ag^+이온이 있다는 증거이다.

실험 22 양이온 I 족의 정성분석

실험일자 :

실 험 자 : 학번 학과 조 이름

1. 실험목적

2. 기구

3. 실험방법

4. 결과 및 고찰

01 양이온 I 족의 계통적 분석표를 설계하라.

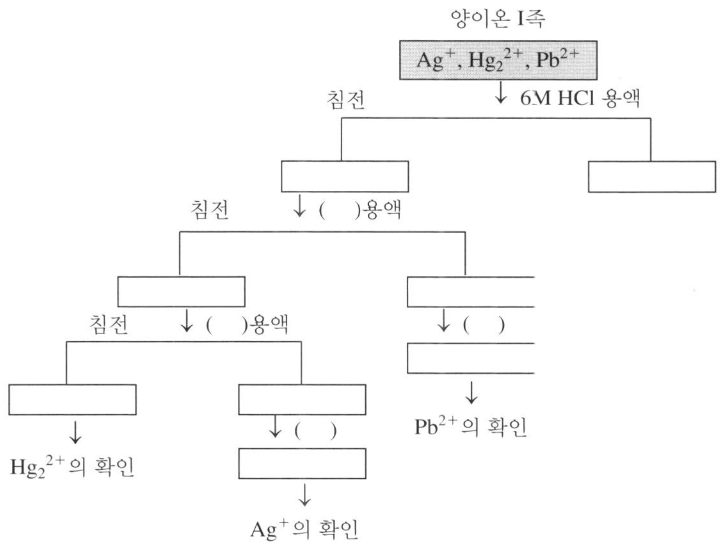

02 다음 화학반응식을 쓰라.

- Ag^{+}, Hg_2^{2+}, Pb^{2+} 염화물의 생성반응식
- $PbCl_2$ 침전물이 뜨거운 용액에서 K_2CrO_4 용액의 첨가에 대한 반응식
- AgCl 침전물과 Hg_2Cl_2 침전물이 암모니아수를 가할 때의 반응식

실험 _ 23

양이온 II족의 정성분석 (Bi^{3+}, Sn^{4+}, Sb^{3+}, Cu^{2+})

목 적 PURPOSE

정성분석을 통한 양이온 II족을 검출하고 확인하는데 그 목적이 있다.

원 리 PRINCIPLE

II족에 속하는 양이온인, Bi^{3+}, Sn^{4+}, Sb^{3+}, Cu^{2+}의 황화물은 pH 0.5에서도 용해되지 아니하므로 pH를 잘 조절해 놓고, H_2S 기체를 통하여 포화시키면 이 이온들을 황화물의 꼴로 만들어서 다른 이온들과 분리할 수 있다. H_2S의 포화용액은 약 0.1M 정도이며, 약한 산성을 띤다.

$$H_2S + H_2O \rightleftharpoons HS^- + H_3O^+ \qquad K_1 = 1 \times 10^{-7}$$
$$HS^- + H_2O \rightleftharpoons S^{2-} + H_3O^+ \qquad K_2 = 1 \times 10^{-15}$$
$$H_2S + H_2O \rightleftharpoons S^{2-} + 2H_3O^+ \qquad K = K_1 \times K_2 = 1 \times 10^{-22}$$

H_2S 용액에 HCl 같은 산을 가하여 pH 1로 만들 경우 위의 마지막 식을 이용하여 계산하면 $[S^{2-}]$는 약 1×10^{-20}이다. 그러나 H_2S 기체를 발생시켜서 통하여 주는 것보다 소량의 티오아세트아미드(CH_3CSNH_2)를 가하여 끓이면, 냄새도 덜 나고 침전도 잘 가라앉기 때문에 간편하고 좋다. CH_3CSNH_2가 수용액 중에서 가수분해되는 반응은 다음과 같다.

$$CH_3CSNH_2 + 2H_2O \rightleftharpoons H_2S(aq) + CH_3COO^-(aq) + NH_4^-(aq)$$

II족 양이온의 네 가지 황화물의 혼합물을 황화이온이 함유된 알칼리 용액으로 추출하면 두 가지 무리로 나뉘어 진다. 이 때 주석 및 안티몬의 황화물은 $Sn(OH)_6^{2-}$, $Sb(OH)^{4-}$의 꼴로 되거나 또는 SnS_3^{2-}, SbS_3^{2-}의 꼴로 되어 녹는다. 따라서 이들은 Bi^{3+} 및 Cu^{2+}의 황화물과 분리할 수 있다. 이렇게 분리한 용액에 HCl을 가하여 산성으로 만든 다음 CH_3CSNH_2로 처리하면 다시 황화물의 침전이 생긴다. 재침전시킨 SnS_3 및 SbS_3을 진한 염산으로 처리하면 클로로착물이 되어 녹는데, 이 용액을 적당한 검출법을 써서 시험하면 그들의 존재를 확인할 수 있다.

주석은 수용액 중에서 +2 및 +4의 산화상태로 존재할 수 있으므로 이것을 이용하여 주석의 확인실험을 할 수 있다. Sn^{4+}의 산성용액에 금속 Al을 가하면 Sn^{4+}로 환원되는데, 이 용액에 $HgCl_2$용액을 가하면 산화 · 환원 반응이 일어나서 Hg 또는 Hg_2Cl_2로 변하여 검은색 또는 회색의 침전이 생긴다.

Sb^{3+}와 Sn^{4+}의 염화물을 함유하는 용액에 옥살산을 가하면 아주 안정한 착물이 생성되는데, 여기에 황화이온을 가하면 선명한 주황색의 Sb_2S_3의 침전에 생기므로 Sb^{2+}이온을 검출할 수 있다.

나머지 두 가지 황화물 즉 CuS와 Bi_2S_3는 HNO_3와 같은 센 산화제에서만 녹는다. HNO_3는 이들을 산화시켜 황을 단체 상태로 유리시키며, 오랫동안 가열하면 황산에서와 같은 산화상태에까지 도달한다. 그러나 양이온은 그 산화상태가 변하지 않은 채 용액 내에 남아 있는데, 이 용액에 암모니아를 가하면 Cu는 진한 남색의 $Cu(NH_3)_2^{2+}$착이온이 되어 녹고, 수산화미스무트(III)은 침전이 되어 떨어진다. 수산화미스무트를 염산으로 처리하면 녹아버리는데, 이 용액을 증류수로 묽히면 BiOCl의 흰색 침전이 생긴다.

기구 및 시약 TOOL & REAGENT

원심분리기	원심분리시험관	시험관용 솔
유리젓개	100 mL 비이커	500W 전열기
water bath	씻기병(wash bottle)	거름종이
10 mL 눈금 실린더	리트머스 시험지	Al-foil
메틸바이올렛 지시약	시험지	
0.3M, 6M, 12M HCl	6M KOH	
0.6 HNO_3	15M NH_3	
옥살산(oxalic acid)		

1M thioacetamide	0.1M thioacetamide
0.1M (Sn^{4+}, Sb^{3+}, Cu^{2+}, Bi^{3+})	질산염 또는 염화물

실험방법 PROCESS

1 용액의 pH조절

II족 양이온인 Bi^{3+}, Sn^{4+}, Sb^{3+}, Cu^{2+}의 질산염이나 염화물을 물에 녹여 각각 0.1M을 준비한다. 이 용액들을 1 mL씩 섞어서 그 혼합용액을 1 mL를 취해 원심분리용 시험관에 넣고 여기에 15M NH_3 용액을 떨어 뜨려 겨우 염기성이 되게 한다. 유리막대에 용액을 찍어 리트머스 종이에 묻혀 염기성이 되었는지 확인한다.

그런 다음 용액 1 mL에 대하여 한 방울의 비율로 6M HCl을 가하면 용액의 pH가 약 0.5로 된다. 이것을 확인하기 위해 메틸바이오렛 지시약 종이를 사용하여 처음 종이의 색과 비교해 본다. 메틸바이오렛은 pH 0.5에서 청록색으로 변화하므로 시료 용액에 HCl과 NH_3를 적당히 가하여 0.3M HCl의 경우와 같은 색이 되도록 하면 그 pH를 조절할 수 있다.

2 II족 황화물의 침전

pH 0.5로 조절한 시료용액에 1M 티오아세트아미드 용액 15~20방울을 넣고 물중탕하여 5분간 가열한다. 이것을 원심분리하여 위층의 맑은 용액은 다른 시험관에 조용히 따라 옮기고, 이 거른액에 다시 티오아세트아미드 용액 2방울을 가하여 1분간 방치함으로써 침전반응이 완결되었는가를 검사한다. 침전이 생길 경우 이 용액을 침전이 들어 있는 원래의 시험관에 옮기고 티오아세트아미드 용액 2~3방울을 더 가한 후 물중탕에서 끓인 후 원심분리한다. 위층의 맑은 액은 III족 이온의 분석에 필요할 경우에는 잘 보관해 두어야 한다. 침전은 1M NH_4Cl 용액으로 씻는다. 그러기 위해서는 NH_4Cl 용액 1 mL를 침전에 가하고 잘 저어준 다음 물중탕에서 끓인 후 원심분리한다. 씻은 액은 버린다.

3 II족 황화물의 분리

황화물 침전에 6M KOH 15방울과 물 2 mL 및 티오아세트아미드 용액 3방울을 가하고 잘 저어 주면서 물중탕에서 5분간 가열한다. 이것을 원심분리하여 위층의 용액은 다른 시험관에 조용히 따라 옮긴다. 남아 있는 침전은 물 5방울로 씻고 씻은 용액은 앞서 받아 놓은 용액에 합친다. 이렇게 하면 주석과 안티몬은 착이온이 되어 용액에 들어가고 구리와 비스무트는 황화물의 침전상태로 남아 있게 된다. 침전은 다음 분석을 위해 보관한다.

4 SnS_2 및 Sb_2S_3의 재침전

3에서 얻은 용액에 12M HCl을 가함으로써 리트머스시험지에 대하여 산성이 되게 한다. 그러면 주석과 안티몬의 일부는 다시 주황색 침전으로 떨어진다. 여기에 티오아세트아미드 용액 5방울을 가하여 끓는 물중탕에서 가열한 다음 원심분리하고 위층의 용액은 버린다.

5 SnS_2 및 Sb_2S_3의 용해

4에서 얻은 침전에 12M HCl 10~15방울을 가하고 끓는 물중탕에서 5분간 가열하여 침전물을 녹인다. 이 시험관을 공기중탕(빈 비이커) 속에서 몇 분 동안 가열함으로써 천천히 끓게 하여 H_2S를 몰아낸다. 이것을 원심분리하고 녹지 않은 황의 찌꺼기는 버린다.

6 주석의 존재확인

5에서 얻은 용액을 반으로 나누어 한쪽 반에 알루미늄조각과 12M HCl 1 mL을 가한다. Sn^{4+}이온이 존재하면 Al에 의하여 환원되어 Sn^{2+}으로 된다. 이 용액을 끓는 물중탕에서 5분간 가열한 후 원심분리하여 용액을 따라낸다. 검은 찌꺼기가 남아 있으면 안티몬이 존재함을 의미한다. 이 용액에 0.1M $HgCl_2$ 용액 2~3방울을 가하여 회색 또는 검은색 침전이 생기면 주석의 존재를 확인할 수 있다. 이것은 산화 · 환원반응으로 인하여 Hg_2Cl_2와 Hg가 생긴 결과이다.

7 안티몬의 검출

5에서 얻은 용액의 나머지 반에 물 5 mL와 옥살산 0.5 g을 가한다. 옥살산이 잘 녹지 않거든 용액을 가열하여 녹인다. 옥살산은 Sn^{4+}와 더불어 대단히 안정한 착이온을 형성한다. 여기에 티오아세트아미드 용액 10방울을 넣고 물중탕에서 가열한다. 주황색의 침전(Sb_2S_3)이 생성되면 안티몬이 검출된 증거이다.

8 CuS 및 Bi_2S_3의 용해

3에서 남은 황화물 침전에 6M HNO_3 30방울을 가하고 약한 불로 가열하여 침전을 완전히 녹인다. 이것을 원심분리하여 황을 제거하고 위층의 용액은 작은 비이커에 따라내어 약 0.5 mL가 될 때까지 증발시킨다.

9 Cu^{2+}, Bi^{3+}의 분리 및 Cu^{2+}의 확인

8에서 얻은 용액에 15M 암모니아용액을 가함으로써 리트머스 시험지를 사용하여 염기성을 확인한 다음 2~3 방울 더 가한다. 이 때 진한 푸른색이 나타나면 $Cu(NH_3)_4^{2+}$착이온의 생성을 의미하므로 구리를 확인할 수 있다.

10 비스무트의 검출

9에서 암모니아용액을 가할 때에 흰 침전이 생기면 이것은 $Bi(OH)_3$이다. Bi^{3+}를 검출하기 위해서는 9에서 얻은 용액을 원심분리하여 우층의 용액은 따라 내고 이때 얻은 침전에 6M HCl 5방울을 가하여 녹이다. 녹지 않는 찌꺼기가 있으면 원심분리하여 제거한다. 이 용액을 약 100 mL 정도의 차가운 증류수에 부어 흰 침전이 생기면 비스무트가 검출된 것이다.

11 미지시료 중 양이온II족의 정성분석

미지시료를 실험조교로부터 받아 1~9까지의 과정을 거쳐 II족 양이온의 존재를 확인하라.

실험 23 양이온Ⅱ족의 정성분석

실험일자 :

실 험 자 : 학번 학과 조 이름

1. 실험목적

2. 기구

3. 실험방법

4. 결과 및 고찰

01 실험을 통한 양이온II족의 계통적 분석표를 만들어라.

실험 _ 24

양이온 Ⅲ족의 정성분석 (Cr^{3+}, Al^{3+}, Fe^{3+}, Ni^{2+})

목 적 PURPOSE

III족에 속하는 양이온은 Cr^{3+}, Al^{3+}, Fe^{3+}, Ni^{2+} 이온이다. 이들의 황화물은 II족 이온보다 훨씬 잘 녹기 때문에 산성 용액 중에서 H_2S를 포화시켜도 침전되지 않는다.

원 리 PRINCIPLE

III족 이온을 분석함에 있어서는 우선 이들의 용액에 과산화수소를 넣고 수산화나트륨으로 처리하여 가열한다. 그러면 크롬(III)은 $CrO_4{}^{2-}$으로 산화되고, 알루미늄(III)은 $Al(OH)^{4-}$와 같은 수산화착물을 형성하여 크롬산이온과 함께 용액 속에 남아있게 된다. 한편 철(III) 및 니켈(II)은 각각 $Fe(OH)_3$, $Ni(OH)_2$의 침전으로 떨어지는데 이러한 수산화물은 $Al(OH)_3$와 달라서 양쪽성이 아닌 까닭에 센 염기성 용액에서도 침전된다.

이 용액을 산성으로 만들고 암모니아를 가하면 $Al(OH)_3$의 침전이 다시 생기게 되므로 Cr(IV)는 Al(III)과 분리된다. 이 $CrO_4{}^{2-}$ 용액에 $BaCl_2$ 용액을 가하면 $BaCrO_4$의 노란색 침전이 떨어진다. $BaCrO_4$침전을 HNO_3에 녹이면 $Cr_2O_7{}^{2-}$으로 변하여 노란 용액이 되는데, 이 용액에 H_2O_2를 가하면 진한 푸른색을 띠게 된다.

이것은 아마도 CrO_5와 같은 과산화물이 생성된 때문이라 생각되는데, 이러한 현상은 시료 중에 존재하는 크롬의 존재를 확인하는데 이용된다. 여기에 디에틸에테르를 가하면 푸른색의 화학종을 추출할 수 있다. 시료중의 알루미늄을 확인하려면 젤라틴 모양의 수산화물을 물에 녹여, 이때 생긴 수산화알루미늄에 알루미논(aluminon) 시약을 가하여 붉은 레이크(lake)가 생성되는 것을 보면 된다.

$Ni(OH)_2$ 및 $Fe(OH)_2$의 혼합침전물을 HCl로 용해시킨 다음 NH_3를 가하면 $Fe(OH)_3$가 다시 침전되는 동시에 니켈은 $Ni(NH_3)_6^{2+}$의 착이온으로 되어 녹는다. 용액 중의 니켈은 디메틸글리옥심(dimethylglyoxime, $C_4H_8N_2O_2$, H_2DMG)을 가하여 검출하는데, 이 유기침전제는 니켈과 반응하여 진한 분홍색의 침전 $NiC_8H_{14}N_4O_4$[$Ni(HDMG)_2$]를 생성한다. 철은 $Fe(OH)_3$ 침전을 HCl에 녹여서 생긴 용액에 KSCN 용액을 가하여 생기는 짙은 붉은색으로 검출한다. 이 색은 $FeSCN^{2+}$ 또는 이와 유사한 착이온 화학종의 생성에 인한 것이다.

기구 및 시약 TOOL & REAGENT

원심분리기	유리젓개
원심분리용 시험관	비이커(50 mL)
3% H_2O_2	6M, 15M NH_3
6M NaOH	6M HCl
15M HNO_3	0.5M KSCN
6M NH_4OH1M	NH_4Cl
6M HNO_3	dimethylglyoxime
1M $BaCl_2$	aluminon 시약
0.1M (Fe^{3+}, Al^{3+}, Cr^{3+}, Ni^{2+})	질산염 또는 염화물을 사용함

실험방법 PROCESS

1 양이온 III족 정성분석 방법

II족 양이온을 제거하고 남은 용액을 사용할 경우에는, 이 용약을 부피가 작은 비이커(50 mL)에 넣고 끓여서 H_2S와 남아 있는 산을 날려 보내되 용액의 부피가 1 mL 정도 되게 증발시킨다. 황의 찌끼가 남아 있으면 원심분리기에 걸어서 제거한다.

III족 이온들의 혼합용액을 직접 사용하고자 할 경우에는 각각 0.1M의 Fe^{3+}, Al^{3+}, Cr^{3+}, Ni^{2+} 용액을 1 mL씩 혼합하여, 그 혼합용액 1 mL을 취하여 이용한다.

2 Cr(III)의 산화와 난용성 수화물의 분리

시료용액 1 mL를 작은 시험관에 넣고 3% H_2O_2 3방울을 가한 다음 6M NaOH 15방울을 가하여 H_2O_2 용액을 센 염기성으로 만든다. 이것을 1분간 저어준 다음 조심스럽게 끓여서 여분의 수분을 모두 제거한다. H_2O_2가 모두 분해되면 용액이 갑자기 끓어올라서 튀는 수가 있다. Cr(III)이 산화되기 시작하면 용액은 노란색으로 변할 것이다. 그렇게 되지 않으면 3방울의 H_2O_2를 더 가하고 조심하여 다시 끓인 후 원심분리하여 위층의 용액을 조용히 따라낸다. 침전에는 철과 니켈의 수산화물이 들어있고 용액에는 크롬과 알루미늄[CrO_4^{2-} 및 $Al(OH)^{4-}$]이 들어 있다. 따라서 다음 실험을 위하여 침전과 용액을 각각 따로 보관한다.

3 Al과 Cr의 분리 및 알루미늄의 검출

2에서 보관해 두었던 용액에 산성이 될 때까지 15M HNO_3를 한 방울씩 떨어뜨린다(리트머스로 시험하라). 이 용액이 염기성이 될 때까지 다시 6M HNO_3를 떨어뜨린다. 그러면 Al^{3+}은 $Al(OH)_3$으로 되어 젤라틴 모양의 침전이 되는데, 이 침전이 노란색을 띠는 것은 CrO_4^{2-}이온의 색깔 때문이다. 이것을 원심분리하여 CrO_4^{2-}가 들어 있는 용액은 다음 실험을 위하여 보관한다. 침전을 1 mL의 뜨거운 물로 씻고 씻은 액은 버린다. 이 침전에 6M HNO_3 몇 방울을 가하여 녹이고, 불용성 물질은 원심분리하여 제거한다. 이 용액에 알루미논(aluminon) 용액 2방울을 넣고 잘 저어준 다음 6M NH_3를 가하여 약한 알칼리성으로 되게 한다. 이때 생기는 붉은 침전은 알루미늄이 존재한다는 증거가 되는데, 이것은 알루미논이 $Al(OH)_3$에 흡착되어 생기는 레이크 때문이다.

4 크롬의 확인

3에서 보관했던 용액에 1M $BaCl_2$를 가하면 BaCrO4의 노란 침전이 생기는데, 침전반응이 느리면 시험관을 물중탕에서 끓인다. 이것을 원심분리하여 위층의 용액을 따라 낸다. 침전을 6M HNO_3 3방울을 녹이고 1분 동안 조용히 가열하면서 저어준다. 여기에 물 4방울을 넣고 찬물로 식힌 후 3% H_2O_2 한 방울과 디에틸에테르 2방울을 가한다. 시험관을 방치하여 액이 두 층으로 갈라지게 된다. 에테르 층에 생기는 푸른색은 곧 퇴색되지만 이 현상은 크롬의 확인에 쓰인다.

5 Ni^{2+}과 Fe^{3+}의 분리

2에서 얻은 침전에 15M HNO_3 8방울을 가하고 끓는 물중탕에서 가열하여 완전히 용해시킨다. 이것을 냉각시켜 1M NH_4Cl 10방울을 가한 후 용액이 리트머스에 대하여 알칼리성을 나타낼 때까지 15M NH_3를 떨어뜨린다. 그러면 철은 $Fe(OH)_3$의 갈색 침전으로 된다. 여기에 NH_3를 4~5방울쯤 더 가하여 잘 저어주면 니켈은 $Ni(NH_3)_6^{2+}$로 되어 녹아 있게 된다. 이것을 원심분리하여 용액과 침전을 각각 보관한다.

6 Ni^{2+}의 확인

5에서 보관했던 용액에 디메틸글리옥심 4방울을 가하여 붉은 침전이 생기면 니켈이 있다는 증거이다.

7 Fe^{3+}의 확인

6에서 얻은 침전을 6M HCl 0.5 mL에 녹이고, 이것을 2 mL의 물로 묽힌 다음 0.5M KSCN 2방울을 가한다. 붉은 핏빛이 나타나며 Fe^{3+}가 존재함을 나타낸다.

8 미지시료 중 양이온 III족의 정성분석

미지시료를 실험조교로부터 받아 1~7번 과정을 거쳐 III족 양이온의 존재에 대하여 검출 및 확인하여라.

실험 24 양이온 Ⅲ족의 정성분석

실험일자 :

실 험 자 : 학번 학과 조 이름

1. 실험목적

2. 기구

3. 실험방법

4. 결과 및 고찰

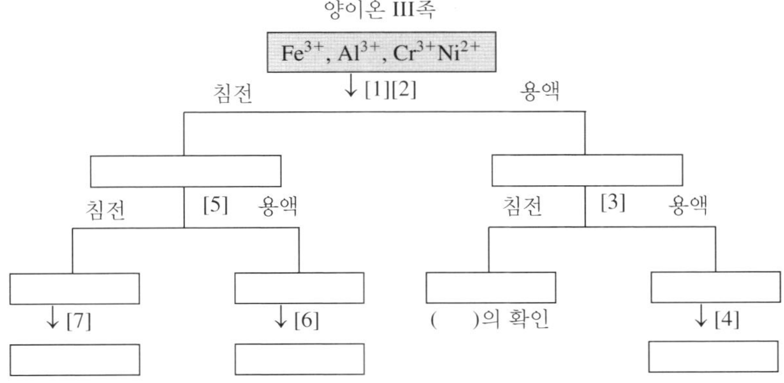

실험_25 음이온의 확인

목 적 PURPOSE

금속 원소와 비금속 원소는 둘 다 음이온을 형성한다. 비금속은 단순한 이온과 착이온을 형성하고, 금속은 전기 음성도가 더 큰 원소와 착음이온을 형성한다. 이 실험에서는 비금속의 일반적인 음이온의 성질에 대해서 알아본다.

원 리 PRINCIPLE

음이온들을 확인하는데 사용되는 그 특성에 따라 이용되겠지만 주로 여러 가지 음이온 또는 양이온의 산화상태, 용해도 차이, 음이온의 색, 산화-환원성질 등을 이용하게 된다.

음이온들의 확인을 위한 시험법으로 spot 시험을 사용하는데 이것은 시료중의 한 가지 성분을 검출하기 위하여 소량의 시료용액에 적당한 특정시약을 떨어뜨려서 그 성분화학종과 특유한 반응을 일으킴으로써 성분이 포함되어 있는가를 확인하는 방법이다. 시료가 복잡하면 할수록 적당한 조건을 선택하여, 즉 서로 방해하는 성분화학종의 분리, 또는 용액의 pH를 변화시키든지 가리움제(masking agent)를 가하여 방해가 되는 성분만을 반응에 참여하지 못하도록 하는 방법들을 이용하게 된다.

기구 및 시약 TOOL & REAGENT

Ca_3P_2	$Na_2SO_4 \cdot 10H_2O$	0.1M Na_2SO_4
NaF	$Na_2SO_3 \cdot 7H_2O$	0.1M Na_2O_3
NaCl	0.1M $AgNO_3$	0.1M Na_2S
Na_2O	0.1M NaI	0.1M $FeCl_3$
Na_2S	0.1M NaBr	CCl_4
진한 HNO_3	0.1M NaCl	Cl_2 수용액
6M HNO_3	진한 암모니아	pH paper 또는 리트머스종이
6M HCl	0.1M Na_2CO_3	$Na_2CO_3 \cdot H_2O$
0.1M Na_3PO_4	$Na_3PO_4 \cdot 12H_2O$	0.1M $NaNO_3$
$NaNO_3$		

실험방법 PROCESS

1 음의 산화 상태

비금속 원소는 3족에서 7족으로 감에 따라 전기 음성도가 증가한다. 이러한 원소들은 화학반응에서 전자를 받아 N^{3-}, O^{2-}, F^-와 같은 음이온을 형성하는 경향이 강하다. 따라서 이와 같은 단원자 음이온은 보통 물에 비하여 강한 염기성을 나타내므로 이것들은 수용액속에 존재할 수 없다. 실제로 Cl^-, Br^-, I^-와 같은 비교적 큰 단일 음이온들은 물 속에 어느 정도의 농도로 존재한다. 다른 음이온은 물과 반응하여 양성자를 빼내어 OH^-이온을 형성한다(예로 $O^{2-} + H_2O \rightarrow 2OH^-$). 이와 같은 염기도는 다음 실험에서 설명된다.

고체 인화물, 산화물, 플르오르화물, 염화물, 황화물 시료들이 준비되어 있다[1].

시험관 속에서 0.1 g의 Ca_3P_2를 10 mL의 물에 가하고 반응이 다 일어난 후에 리트머스 종이나 pH paper로 이 용액을 시험한다[2]. 이와 같은 실험 절차에 따라 Na_2O, NaF, Na_2S에 대하여 반복 실험한다[2].

[1]P^{3-}, O^{2-}, Cl^-, S^{2-}음이온의 Lewis 구조를 그려라.

[2]관찰 내용과 각 음이온과 반응식을 기록하라.

2 양의 산화 상태

비금속 원소는 전기 음성도가 매우 큰 원소와 결합한 다원자 이온에서만 양의 산화 상태를 나타내고, 상온에서 그 자신 혼자만의 단원자르서는 양 이온을 결코 형성하지 못한다. 따라서 자신이 양의 산화상태를 갖는 대표적인 음이온은 산소나 플르오르와 결합할 때 생기며, 수용액에서 산소와 음이온이 대부분이다[3]. 대부분의 다원자이온은 수용액에서 염기성이다. 물 10 mL 에 0.1 g의 Na_2CO_3, Na_3PO_4, $NaNO_3$, $NaCO_3$를 각각 넣고 각 용액을 pH paper나 리트머스 종이로 시험한다[4]. 이러한 음이온 중에 어떤 것은 중성인(하전되지 않는) 물질이 히드로늄이온 존재 하에 물 속에서 깨어져 용액으로부터 기체를 방출하므로 불안정하다. 위에서 준비된 용액에 6M HCl을 충분히 가하고, 어떤 반응이 일어나는가를 관찰한다[5].

[3]CO_3^{3-}, PO_4^{3-}, ClO^{3-}, NO_3^{2-}, BrO^-에서 원소의 산화상태를 나타내어라.
[4]관찰 내용을 기록하고, 반응식을 쓰라.
[5]어떤 용액이 기체를 방출시키며, 이 반응의 반응식을 쓰라.

3 음이온의 용해도

표 25-1은 음이온과 양이온을 포함한 어떤 화합물의 물에 대한 용해도를 나타내고 있다. 경향에 주목해야 한다. +1이 이온을 포함하는 대부분의 염은 Ag^-의 화합물을 제외하고선 잘 녹는다. Ag+이온은 NO^{3-}나 ClO^{3-}와 같이 낮은 전하의 큰 음이온과 결합하여 물에 잘 녹는 화합물을 형성한다. NH3를 포함하는 용액에서는 은의 화합물은 착이온 $Ag(NH_3)^{2+}$를 형성하면서 더 잘 녹는다. 0.1M 용액의 NaCl, NaBr, NaI, Na_2CO_3, Na_3PO_4, Na_2SO_4, Na_2S, Na_2SO_4를 각각 5 mL씩 각기 다른 시험관에 넣어 두고 각 시험관에 0.1M $AgNO_3$ 용액 1 mL씩 가한다. 가라앉은 침전물은 그대로 두고 위에 뜬 액체로 기울여서 따라낸다. 만약 침전물이 잘 분리되지 않으면 침전물을 여과해서 버린다. 침전물은 시험관에 도로 넣고 10 mL의 물을 각 침전물에 가해서 끓는 물이 들어 있는 비이커 속에서 5분 동안 각 시험관을 가열한다[6].

위의 은의 침전물을 새로이 만들어서 각 시험관에 넣고 6M HNO_3 1 mL씩 가한다[7].

어떤 침전물이 녹지 않을 때에는 진한 HNO_3 10 mL를 더 가하고 끓는 물이 들은 비이커 속에서 5분 동안 가열한다[7]. 은 침전물을 다시 한번 더(세 번째) 만들어서 각 시험관에 넣고 진한 NH_3 용액 5 mL씩을 가한다[8].

표 25-1 물에 대한 용해도(mole/1, 25°C)

양이온	Na^+	NH_4^+	Ag^+	Ca^{2+}	Ba^{2+}	Pb^{2+}	Al^{3+}
음이온							
CO_3^{2-}	2.1	.88	10^{-4}	10^{-4}	10^{-5}	10^{-6}	†
NO_3^-	5.5	8.1	14	2.3	1.5	1.0	1.7
PO_4^{3-}	0.7	†	10^{-5}	10^{-7}	10^{-8}	10^{-7}	10^{9}
S^{2-}	V.S.*	V.S.*	10^{-17}	V.S.*	V.S.*	10^{-13}	V.S.*
SO_3^{2-}	0.8	†	10^{-4}	10^{-4}	10^{-5}	10^{-2}	†
SO_4^{2-}	2.1	2.9	10^{-2}	10^{-3}	10^{-5}	10^{-4}	0.4
Cl^-	4.6	5.5	10^{-5}	2.0	1.1	10^{-2}	1.7
Br^-	3.2	4.6	10^{-6}	1.9	1.9	10^{-2}	6.3
I^-	4.3	4.6	10^{-8}	1.7	1.4	10^{-3}	V.S.
ClO_3^-	4.9	V.S.	10^{-1}	V.S.	1.5	3.8	V.S.

V.S. = 잘 녹는다. † = 어떤 염도 존재 않음. * = 물과 반응함.

대부분의 +2가 양이온은 음이온(−2나 −3)과 결합하여 불용성 혼합물을 형성한다(여기서는 0.1M 이하의 용해도를 가진 화합물을 불용성이라고 간주한다). 다른 한편 +3이 음이온과 결합한 화합물만이 불용성으로 남아있을 수 있고, 나머지는 대개 물에 잘 녹는다. 이러한 관찰에서 용해도는 고체 내에서의 이들 상호간의 인력과 용액 내에서의 물의 −이온의 인력 사이에 어떤 것이 더 강하냐에 따라 결정된다.

실험 25 음이온의 확인

실험일자 :

실 험 자 : 학번 학과 조 이름

1. 실험목적

2. 기구

3. 실험방법

4. 결과 및 고찰

[A]음의 산화상태

01 P^{3-}, O^{2-}, Cl^{-}, F^{-}, S^{2-} 음이온에 대한 Lewis 구조를 쓰라.

02 각 음이온과 반응한 반응식을 쓰고, 관찰내용을 설명하라.

[B]양의 산화상태

03 $CO_3{}^{2-}$, $PO_4{}^{3-}$, ClO^{3-}, NO^{3-}, $SO_5{}^{2-}$에서 각 원소의 산화상태(산화수)를 나타내라.

04 관찰내용을 기록하고, 반응식을 써서 결과를 설명하라.

05 어떤 용액이 기체를 방출시키는가?

이러한 반응에 대한 반응식들을 써라.

$CO_3{}^{2-}$와 $CO_4{}^{2-}$를 어떻게 구별하겠는가? 또 $SO_3{}^{2-}$와는 어떻게 구별하겠는가?

[C]음이온의 용해도

06 어떤 관찰 내용을 기록하라(침전물의 색깔도 기록한다).

07 이 침전물 중에서 어떤 것이 6M HNO_3에 불용인가? 이유는?

어떤 것이 뜨거운 진한 HNO_3에 녹지 않는가?

반응식들을 써라.

08 어떤 것이 6M NH_3 용액에 녹는가?

09 다음 화합물을 구별하기 위하여 색깔을 이용한 방법을 제시하라.

(a) AgCl과 AgBr (b) AgBr과 $AgBr_2CO_3$

(c) $AgBr_2CO_3$와 Ag_2S (d) AgI와 Ag_2SOO_3

(각 용액 2 mL로부터 침전물을 만들어서 시험하라)

[D]산화–환원 성질

10 Cl^-, Br^-, I^- 이온들(할로겐화 이온)은 왜 산화제가 아닌가?

11 관찰 내용을 기록하라. 보라색은 무엇에 기인하는가? 반응식을 써라.

12 여기에서 일어난 반응식들을 써라.

13 11 과 비교하여, 여기에서 관찰된 내용을 설명하라.

실험_26

나일론의 합성

목 적 PURPOSE

실생활에 유용하게 쓰이고 있는 나일론을 실험실에서 직접 합성함으로써 이러한 유기 고분자 화합물의 합성법을 익히는데 있다.

원 리 PRINCIPLE

디아민류(Diamines)와 디카르복실산류(Dicarboxylic)로부터 만드는 축합중합체(Condensation polymer)의 일종이다. 이러한 중합체는 디아민과 디카르복실산을 높은 온도에서 오랜시간 반응시켜야 만들 수 있으나 반응성이 큰 산염화물($RCCl$, C=O) 이 실온에서 아민 ($R'NH2$) 과 쉽게 반응하여 아미드($RCNHR'$, C=O)를 만드는 반응(Schotten-Baumann 반응)을 이용하면 낮은 온도에서 쉽게 합성할 수 있다. 예컨대 염화세바코일(Sebacoyl chloride)과 헥사메틸렌디아민(Hexamethylene diamine)은 실온에서 다음과 같이 반응하여 나일론 6, 10을 이룬다.

$$\underset{\text{염화세바코일}}{Cl\overset{O}{\overset{\|}{C}}(CH_2)_8\overset{O}{\overset{\|}{C}}Cl} + \underset{\text{헥사메틸렌디아민}}{H_2N(CH_2)_6NH_2} \xrightarrow{NaOH} \underset{\text{폴리헥사메틸렌 세바스아미드}}{[\overset{O}{\overset{\|}{C}}(CH_2)_8\overset{O}{\overset{\|}{C}}NH(CH_2)_6NH]_n}$$

Poly hexamethylene sebacamide
또는 나일론 6, 10

우리가 사용하는 나일론 6, 10은 헥사메틸렌디아민과 아디프산(Adipic acid)으로 만든다.

$$HO\overset{O}{\overset{\|}{C}}(CH_2)_4\overset{O}{\overset{\|}{C}}OH + H_2N(CH_2)_6NH_2 \longrightarrow [\overset{O}{\overset{\|}{C}}(CH_2)_4\overset{O}{\overset{\|}{C}}NH(CH_2)_6NH]_n$$

아디프산 　 헥사메틸렌디아민 　 폴리헥사메틸렌 아디프아미드
Poly hexamethylene adipamide
또는 나일론 6, 6

우리나라에서 현재 많이 생산되고 있는 나일론 6은 고리형 락탐(Cyclic lactam)인-카프로락탐(-Caprolactam)의 중합으로 만든다.

$$\varepsilon\text{-Caprolactam} \xrightarrow{\text{가열}} [NHCO(CH_2)_5]$$

ε- Caprolactam 　 Nylon 6

기구 및 시약 　 TOOL & REAGENT

Beaker	전기오븐
피펫	거름종이
메스실린더	$NH_2(CH_2)_6NH_2$
핀셋	$ClCO(CH_2)_8COCl$
유리막대	CCl_4
유리 거르개	CH_3OH
Mixer	CH_3COCH_3
Stirrig motor	NaOH

실험방법 　 PROCESS

염화세바코일(독성이 있으므로 조심하여 다루어야 한다.) 1 mL를 테트라클로로에틸렌(또는 CCl_4) 50 mL에 용해시켜 200 mL 비이커에 담는다. 헥사메틸렌디아민 2.3 g과 수산화나트륨 0.4 g을 50 mL의 증류수에 용해시켜 염화세바코일 용액에 담긴 비이커의 기벽을 따라 서서히 부어 넣는다.

두 액이 접촉되는 계면에서 생성된 나일론 필름을 핀셋으로 조심스럽게 끌어 올려 유리막대에 감고 유리막대를 서서히 돌리면 계속 생성되는 나일론 필름이 한 곳에 모여 끈과 같이 올라오므로 계속해서 나일론 끝을 유리 막대에 감을 수 있다(그림 26-1).

유리막대를 실험실용 모터에 꼽아 회전 속도를 적당히 조절하면 일정한 속도로 계속 끝을 감을 수 있으나 실험이 많이 진행되어 두 용액 중의 반응물의 농도가 묽어지면 계속 끈을 당기기 힘들어 진다. 이때에 도달하면 남은 두 용액을 유리막대로 잘 저으면서 작은 덩어리 모양의 나일론을 만들어 거름종이를 사용하여 거른다.

생성된 나일론의 끈과 알갱이를 메탄올 또는 아세톤 1 : 1 수용액으로 씻은 후 다시 물로 충분히 씻는다. 이것을 100℃ 이하의 오븐 또는 50℃이하의 진공 오븐에서 말린다. 얻은 중합체의 무게를 달고 그 녹는점을 측정한다.

헥사메틸렌디아민 2.3 g과 수산화나트륨 0.8 g(A) 물 160 mL에 용해시킨 후 혼합기에 넣어라.

염화세바코일 2 mL를 테트라클로로에틸렌 100 mL에 녹여라. (B)혼합기를 세게 돌리면서 (B)용액을 15초에 걸쳐 부어 넣고 2분간 교반을 계속한 후 생성된 나일론을 유리 거르개를 사용하여 거른다.

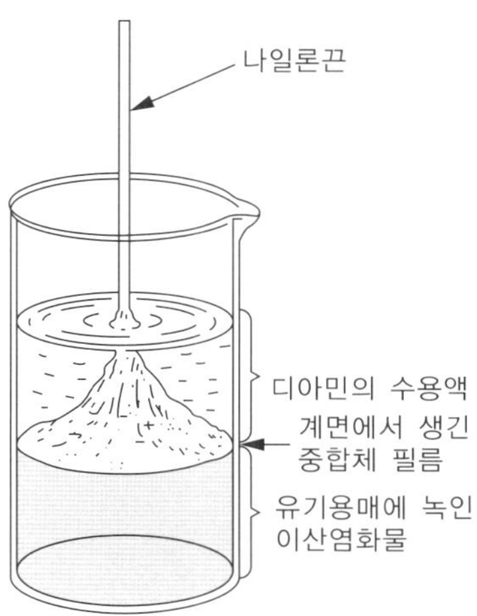

그림 26-1 나일론 끈의 요술

실험 26 나일론의 합성

실험일자 :

실 험 자 : 학번 학과 조 이름

1. 실험목적

2. 기구

3. 실험방법

4. 결과 및 고찰

형광색소-Fluorescence

목 적 PURPOSE

페놀프탈레인 만드는 법을 참조로 페놀 대신에 레졸시놀을 이용하여 형광색소를 만든다.

기구 및 시약 TOOL & REAGENT

무수프탈르산 0.4 g	레졸시놀 0.6 g
진한 황산	에탄올 20 mL
수산화나트륨수용액(3M) 소량	
피펫(1 mL) 2ea	온도계
검은 종이 또는 검은 천(약 20 × 20 cm)	
시험관(Φ 18 mm) 3ea	

실험방법 PROCESS

01. 시약 스푼으로 0.4 g의 무스프탈산과 거의 동량의 레졸시놀을 시험관에 넣고, 여기에 황산을 2방울 가하여 가볍게 흔들어 혼합한다.

02. 약한 불로 가열하고, 약 1분 후에 내용물이 어두운 적갈색이 되면 가열을 중지하고 실온에 방치하여 식힌다.

03. 유리봉이나 작은 시약 스푼으로 소량의 고체를 꺼내어 다른 시험관에 넣고 1 mL의 에탄올을 가하여 용해시킨다.

04. 이 용액을 다른 시험관에 2~3방울을 넣고, 10% 에탄올 수용액을 가하여 용액의 색이 엷은 노란색이 될 때까지 희석한다.

05. 시험관의 뒷면에 흑지를 대고 시험관에 수산화나트륨용액을 한 방울 가하여 형광을 내는 것을 확인한다.

주의사항

☞ 생성한 형광물질은 융점 315도 이상에서 열분해한다. 따라서 가열 시에 시험관을 불꽃 속에 오래두면 분해가 일어난다. 시험관을 흔들어 불꽃에 넣었다 뺐다 하거나, 고온용 온도계를 사용하여 온도가 올라가지 않도록 주의한다.

실험 27 형광색소-Fluorescence

실험일자 :

실 험 자 : 학번 학과 조 이름

1. 실험목적

2. 기구

3. 실험방법

4. 결과 및 고찰

실험_28

은염사진 현상

목 적 PURPOSE

실생활에서 사용하고 있는 카메라를 이용하여 촬영하고 현상하여, 현상 및 인화 과정에서 일어나는 화학반응을 이해하고, 더 나아가 디지털 세계를 이해한다.

원 리 PRINCIPLE

할로겐화은 과정은 젤라틴을 사용하지 않는 은판사진법(Daguerreo type)과 젤라틴을 사용한 할로겐화은 감광재료가 있다. 은염사진은 1838년 8월19일에 처음 공표 된 이후 1870년대에 현재 사용하고 있는 촬영용 젤라틴 감광재료가 실용화되어 현재까지 이르고 있다. 최근에는 휴대폰의 디지털 이미지에 밀려 카메라를 들고 다니면 사진작가나 특수촬영으로 생각하는 정도이지만 은염사진의 특수성 때문에 산업에는 아직도 많이 사용되고 있다. 현저 사용되고 있는 보통의 할로겐화은 감광재료는 할로겐화은을 주성분으로 하고, 젤라틴 중에 할로겐화은이 마이트론(수μ~수10μ)단위의 결정 상태로 분산된 얇은 층을 감광층으로 하여 플라스틱필름(필름)위에 설계한 것과 종이위에(인화지)이다. 이들은 보통 화상을 노광(촬영) 후, 현상액과 정착액으로 처리, 수세 후 건조시킨다.

촬영 $X^- + h\nu \longrightarrow X + e^-$

e^-(감광핵) + $Ag^+ \longrightarrow Ag^*$ (잠상 형성)

현상

$$2Ag^{*}Br + \text{HO}-C_6H_4-\text{OH} \longrightarrow 2Ag + \text{O}=C_6H_4=\text{O} + 2HBr$$

정착 $AgBr + S_2O_3^{2-} \longrightarrow Ag(S_2O_3)_2^{3-} + Br^-$

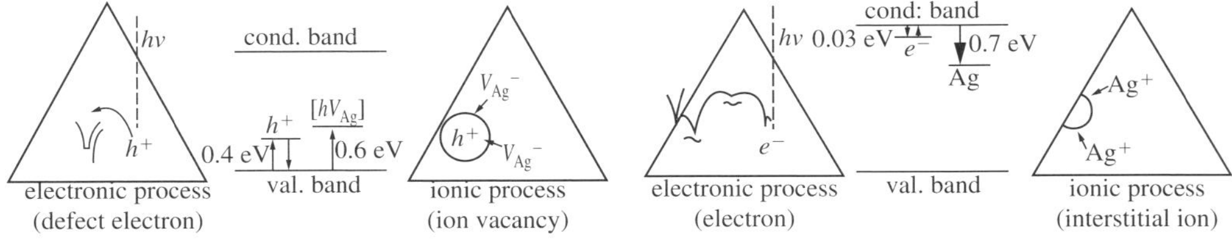

기구 및 시약 TOOL & REAGENT

카메라	필름	필름현상액	인화지현상액	인화지	암실주머니	현상탱크 등

실험방법 PROCESS

01. 카메라에 필름(135 mm, ISO 100)을 끼우고, 실내 및 실외에서 적정노출을 주어 촬영한다.

02. 암실주머니에 카메라를 넣고, 적당한 크기로 가위로 자른 후 현상탱크에 장진한다. 현상탱크가 꼭 닫혀있는지 반드시 확인한다.

03. 현상용액, 물, 정착용액을 순서대로 준비하고 온도를 20도로 맞춘다.

04. 시계로 시간을 재면서 현상탱크에 현상액을 조용히 흘려 넣고 아래위로 30초간 흔들어준 후에 물기가 흐르지 않았는지 확인하고 바닥에 30초간 놓아둔다.

05. 1분이 지났으면 다시 현상탱크를 위아래로 15초간 흔들고 바닥에 놓는다.

06. 3분이 되면 현상탱크의 용액을 비이커에 옮기고 바로 준비된 물을 넣어 1분간 흔들어 준 후 싱크대에 물을 쏟아 버린다. 준비 된 정착액을 현상액 때와

마찬가지로 넣고, 1분마다 위아래로 충분히 흔들어준다. 현상탱크를 열고 현상 여부를 확인한 후 1분간 더 넣어두어 정착이 완전히 되도록 한다.

07. 장갑을 끼고 필름을 꺼내어 흐르는 물에 30분 이상 충분히 씻은 후 건조시킨다.

08. 인화하려는 필름을 암실주머니에 넣고 필름과 인화지 유제가 마주보도록 밀착시키고 암실주머니에서 잠시 꺼내어 노출시킨 후(필름 정도에 따라 다름) 현상한다. 이 과정은 암실에서 암실 등을 켜고 하면 더욱 좋다. 약간 현상이 부족할 때 물로 세척 후 정착을 해야 보기 좋다. 이때 확대 인화하려면 확대기를 사용하도록 한다.

실험 28 은염사진 현상

실험일자 :

실 험 자 : 학번 학과 조 이름

1. 실험목적

2. 기구

3. 실험방법

4. 결과 및 고찰

부록_01

농도(Concentration)의 정의

표 1-1 화장품의 종류

종류	기호	정의
중량 백분율 농도 (Percent by weight)	%(W/W)	용액 100% 중에 포함된 용질의 g수
용량 백분율 농도 (percent by volume)	%(V/V)	용액 100 mL 중에 포함된 용질의 mL수
g 농도(gramarity) (Percent weight-in-vlolue)	G%(W/V)	용액 100 mL 중에 포함된 용질의 g수
몰분율 (mol fraction)	X	용액 중 총성분의 몰수와 어떤 성분의 몰수의 비
몰 백분율 몰농도(molarity)	 M	몰분율 × 100 용액 1 L 중에 포함된 용질의 몰 수
몰랄농도 (molality)	m	용액 1 Kg 중에 포함된 용질의 몰 수
노르말 농도 (normality)	N	용액 1 L 중에 포함된 용질의 g 당량수
PPM(part per million)	ppm	용액 1 L 중에 포함된 용질의 mg 수

부록 _ 02

세척용액의 제조법

※ 세척용액은 매우 강력한 용액이므로 피부나 옷과의 접촉을 피하도록 하여야 한다.

1 중크롬삼 염-황산 세척액

01 458 mL의 물에 중크롬산칼륨 95 g을 용해시킴.

02 진한 황상 800 mL를 주의하여 혼합한다. (발열반응이므로 조심하여 섞는다.)
※색이 초록색을 띠면 산화된 것이므로 사용을 중지한다.

2 희석 질산 세척액

플라스틱 병 내부에 붙어있는 경막 제거에 사용되고 사용은 희석 질산으로 표면을 젖게 함으로써 제거할 수 있으며, 이것을 증류수로 여러 번 헹군다.

3 왕수 세척액

진한 염산과 진한 질산을 3 : 1로 섞어 만든다. 이 용액은 매우 강력하나 극히 위험하고 부식성이 있는 세척액 사용 시 후드에서 사용하여야 한다.

4 알콜성 수산화칼슘, 수산화나트륨 세척액

120 g의 NaOH나 105 g KOH를 포함하는 120 mL 물에 95% 에탄올 1 L를 섞는다. 이 용액은 용기를 부식시키고 손상시키는 결과를 초래하므로 용기 내부 접합 부분의 joints 부분에 장기간 접촉시키는 것을 피하여야 한다.

5 트리 소디움 인산염 세척액

470 mL의 물에 올레인산 나트륨 28.5 g과 인산나트륨(Na_3PO_4) 57 g을 섞는다.

부록_03

단위와 그 표기법

화학에서 사용되는 단위로는 국제적 협약으로 만들어진 국제단위계(International System of Units, SI Unit)와 그 밖에 전통적으로 많이 사용되는 단위가 있다. SI 단위는 기본 단위, 보충단위 및 유도 단위로 구성되어 있다. 이들을 표의 형태로 수록하여 찾아보기 쉽고 사용하기 용이하게 하였다. 단위에 관한 자세한 설명은 생략하였다.

표 3-1 SI 기본단위

물 리 량	단 위 명	기호
길이	미터(meter)	m
질량	킬로그램(kilogram)	kg
시간	초(second)	s
전류	암페어(ampere)	A
온도	켈빈(kelvin)	K
물질의 양	몰(mole)	mol
빛의 세기	칸델라(candela)	cd

표 3-2 SI 보충단위

물 리 량	단 위 명	기호	SI 기본단위 표시
평면각	라디안(radian)	rad	$m \cdot m^{-1} = 1$
입체각	스테라디안(steradian)	sr	$m^2 \cdot m^{-2} = 1$

표 3-3 보충 단위를 사용하여 만든 유도 단위의 예

물 리 량	단 위 명	기호
각속도	초 당 라디안	rad/s
각가속도	초 제곱 당 라디안	rad/s^2
복사도	스테라디안 당 와트	watt/sr
복사휘도	제곱미터 스테라디안 당 와트	$watt/(m^2 \cdot sr)$

표 3-4 기본 단위로 표시한 SI 유도 단위의 예

물 리 량	단 위 명	기호
넓이	제곱 미터	m^2
부피	세제곱 미터	m^3
속력, 속도	초 당 미터	m/s
가속도	제곱 초 당 미터	m/s^2
파수	역미터	l/m
밀도	세제곱 미터 당 킬로그램	kg/m^3
비부피	킬로그램 당 세제곱 미터	m^3/kg
전류밀도	제곱 미터 당 암페어	A/m^2
자기장 세기	미터 당 암페어	A/m
농도	세제곱 미터 당 몰	mol/m^3
휘도	제곱미터 당 칸델라	cd/m^2

표 3-5 특별한 이름을 가진 SI 유도 단위

물 리 량	단 위 명	기호	식	SI 기본단위표시
진동수	헤르츠(hertz)	Hz		s^{-1}
힘	뉴톤(newton)	N		$m \cdot kg \cdot s^{-2}$
압력, 스트레스	파스칼(pascal)	Pa	N/m^2	$m^{-1} \cdot kg \cdot s^{-2}$
에너지, 일, 열량	주울(joule)	J	$N \cdot m$	$m^2 \cdot kg \cdot s^{-2}$
일률	와트(watt)	W	J/s	$m^2 \cdot kg \cdot s^{-3}$
전하량	쿨롱(coulomb)	C		$s \cdot A$
전위, 전위차, 기전력	볼트(volt)	V	W/A	$m^2 \cdot kg \cdot s^{-3} \cdot A^{-1}$
전기용량	파러드(farad)	F	C/V	$m^{-2} \cdot kg^{-1} \cdot s^4 \cdot A^2$
전기저항	오움(ohm)	W	V/A	$m^2 \cdot kg \cdot s^{-3} \cdot A^{-2}$
전기전도도	지멘스(siemens)	S	A/V	$m^{-2} \cdot kg^{-1} \cdot s^3 \cdot A^2$
자기력 선속	웨버(weber)	Wb	$V \cdot s$	$m^2 \cdot kg \cdot s^{-2} \cdot A^{-1}$
자기력 선속 밀도	테슬라(tasla)	T	Wb/m^2	$kg \cdot s^{-2} \cdot A^{-1}$
인덕턴스	헨리(henry)	H	Wb/A	$m^2 \cdot kg \cdot s^{-2} \cdot A^{-2}$
섭씨온도	섭씨도 (Celsius degree)	°C		K
광선속	루멘(lumen)	lm		$cd \cdot sr$
조명도	룩스(lux)	lx	lm/m^3	$m^{-3} \cdot cd \cdot sr$

표 3-6 특별한 이름으로 표시하는 SI 유도 단위의 예

물 리 량	단 위 명	기호	SI 기본 단위 표시
동적 점성도	파스칼 초	Pa·s	$m^{-1}\cdot kg\cdot s^{-1}$
표면장력	미터 당 뉴톤	N/m	$kg\cdot s^{-2}$
열선속 밀도, 복사조도	제곱미터 당 주울	W/m^2	$kg\cdot s^{-3}$
열용량, 엔트로피	켈빈 당 주울	J/K	$m^2\cdot kg\cdot s^{-2}\cdot K^{-1}$
비열용량, 비엔트로피	킬로그램 켈빈 당 주울	J(kg·K)	$m^2\cdot s^{-2}\cdot K^{-1}$
비에너지	킬로그램 당 주울	J/kg	$m^2\cdot s^{-2}$
열전도도	미터 캘빈 당 와트	W/(m·K)	$m\cdot kg\cdot s^{-3}\cdot K^{-1}$
에너지 밀도	세제곱 미터 당 주울	J/m^3	$m^{-1}\cdot kg\cdot s^{-2}$
전기장 세기	미터 당 볼트	V/m	$m\cdot kg\cdot s^{-3}\cdot A^{-1}$
전하 밀도	세제곱 미터 당 쿨롱	C/m^3	$m^{-3}\cdot s\cdot A$
전기 선속 밀도	제곱 미터 당 쿨롱	C/m^2	$m^{-2}\cdot s\cdot A$
유전율	미터 당 패러드	F/m	$m^{-3}\cdot kg^{-1}\cdot s^4\cdot A^2$
투자율	미터 당 헨리	H/m	$m\cdot kg\cdot s^{-2}\cdot A^{-2}$
몰에너지	몰 당 주울	J/mol	$m^2\cdot kg\cdot s^{-2}\cdot mol^{-1}$
몰엔트로피, 몰열용량	몰 켈빈 당 주울	J/(mol·K)	$m^2\cdot kg\cdot s^{-2}\cdot K^{-1}\cdot mol^{-1}$

표 3-7 SI 접두어

인자	접두어	기호	인자	접두어	기호
10^{18}	엑사	E	10^{-1}	데시	d
10^{15}	페타	P	10^{-2}	센티	c
10^{12}	테라	T	10^{-3}	밀리	m
10^{9}	기가	G	10^{-5}	미크로	μ
10^{6}	메가	M	10^{-9}	나노	n
10^{3}	킬로	k	10^{-12}	피코	p
10^{2}	헥토	h	10^{-15}	펨토	f
10^{1}	데카	da	10^{-18}	아토	a

표 3-8 SI 단위와 함께 사용할 수 있는 단위

단 위 명	기 호	SI 단위 표시
분	min	1 min = 60 s
시간	h	1 h = 60 min = 3 600 s
일	d	1 d = 24 h = 86 400 s
도	°	$1° = (\pi/180)$ rad
분	′	$1' = (1/60)° = (\pi/10\ 800)$ rad
초	″	$1'' = (1/60)' = (\pi/64\ 000)$ rad
리터	L, 1	$1\ L = 1 dm^3 = 10^{-3} m^3$
론	t	$1\ t = 10^3$ kg

표 3-9 SI 단위가 실험적으로 얻어지는 국제 단위와 함께 사용하는 단위

단 위 명	기 호	정 의
전자볼트	eV	(가)
통일 원자질량 단위	amu (u)	(나)

(가) 전자볼트는 한 개의 전자가 진공에서 1 볼트의 전위차를 지날 때 얻는 운동 에너지이다. 근사적으로 $1eV = 1.602\ 177\ 33(49) \times 10^{-19}$ J이다.

(나) 통일 원자질량 단위는 ^{12}C핵종의 원자 질량의 1/12와 같다. 근사적으로 $1u = 1.660\ 540\ 2(10) \times 10^{-27}$ kg 이다.

표 3-10 SI 단위와 함께 잠정적으로 사용

단 위 명	기 호	SI 기본 단위 표시
해리(nautical mile)		1 해리 = 1852 m
놋트(knot)		1 놋트 = $(1852/3600) m \cdot s^{-1}$
옹스트롬(angstrom)	A	$1\ A = 0.1\ nm = 10^{-10} m$
아르(are)	a	$1\ a = 1\ dam^2 = 10^2 m^2$
헥타아르(hectare)	ha	$1\ ha = 1\ hm^2 = 10^4 m^2$
바(bar)	bar	1 bar = 0.1 MPa = 100 kPa =1000 hPa = 10^5 Pa
쿠리(curie)	Ci	$1\ Ci = 3.7 \times 10^{10} Bq$
뢴트겐(rontgen)	R	$1\ R = 2.58 \times 10^{-4} kg^{-1} \cdot C$

표 3-11 흔히 사용되고 있는 CGS 단위

단 위 명	기 호	SI 단위 값
에르그(erg)	erg	1 erg = 10^{-7} J
다인(dyne)	dyn	1 dyn = 10^{-5} N
포와즈(poise)	P	1 P = 1 dyn·s/cm^2 = 0.1 Pa·s
스톡스(stokes)	St	1 St = 1 cm^2·s^{-1} = 10
가우스(gauss)	Gs, G	1 Gs~10^{-4}T
에르스텟(oersted)	Oe	1 Oe~(1000/4p)m^{-1}·A
맥스웰(maxwell)	Mx	1 Mx~10^{-8} Wb
스틸브(stilb)	sb	1 sb = 1 cm^{-2}·cd = $10^{-4}$$m^{-2}$·cd
포트(phot)	ph	1 ph = 10^4 lx

표 3-12 일반적으로 사용을 기피해야 할 기타 단위

단 위 명	SI 단위 값
표준기압	1 atm = 101 325 Pa
킬로그램 힘	1 kgf = 9.806 65 N
칼로리	1 cal = 4.18 J
미크론	1 μ = 10^{-3} mm = 10^{-6} m
카랏	1 metric carat = 200 mg = 2 × 10^{-4} kg
토어	1 torr = (101 325/760) Pa
스테르	1 st = 1 m^3
감마	1 γ = 1 nT = 10^{-9} T
감마	1 γ = 1 μg = 10^{-9} kg
람다	1 γ = 10^{-6} L = 10^{-9} m^3

표3-13 기본상수 값

물 리 량	기 호	값
진공에서 빛의 속도	c	$2.997\ 92 \times 10^{8}$ m/s^{-1}
Avogadro 수	Na	$6.022\ 045 \times 10^{23}$ mol^{-1}
Faraday 상수	F	$9.648\ 546 \times 10^{4}$ C mol^{-1}
Planck 상수	h	$6.626\ 18 \times 10^{-34}$ J/s
물의 어는점 (1 bar에서)		273.15 K
기체 수	R	8.314 41 JK^{-1}mol^{-1}
Boltzmann 상수	k	$1.380\ 66 \times 10^{-23}$ J K^{-1}
양성자의 전하량	e	$1.602\ 19 \times 10^{-19}$ C
전자 질량	m_e	$9.109\ 53 \times 10^{-31}$ kg
양성자 질량	m_p	$1.672\ 65 \times 10^{-27}$ kg
중성자 질량	m_n	$1.674\ 95 \times 10^{-27}$ kg
Bohr 마그네톤	μ_8	$9.273\ 2 \times 10^{-27}$ m^{2}A
진공의 투자율	μ_0	$4\pi \times 10^{-7}$ J s^2 C^{-2} m^{-1}
진공의 유전율	ε_0	$8.854\ 185 \times 10^{-12}$ J^{-1} C^2 m^{-1}
표준 중력가속도	g	9.806 65 m/s^{-2}

일반화학실험

2025년 2월 10일 인 쇄
2025년 2월 20일 발 행

편 저 자 | 동국대학교 화학과 화학실험실
펴 낸 이 | 김 중 현
펴 낸 곳 | **녹 문 당**

주소 | 경기도 파주시 심학산로 12 (출판문화단지)
전화 | (031) 957-2711 FAX | (031) 957-2710

신고번호 | 제406-1997-000055호

ISBN 978-89-88684-66-5 93430 값 12,000원